"十三五"国家重点研发计划项目（2016YFC0701400）资助
——《预制混凝土构件高效配筋及性能化设计理论研究》

装配式剪力墙结构深化设计、构件制作与施工安装技术指南

（第二版）

刘海成　郑　勇　姚大鹏　刘佳瑞　李家旭　　著

刘　明　主审

中国建筑工业出版社

图书在版编目（CIP）数据

装配式剪力墙结构深化设计、构件制作与施工安装
技术指南/刘海成等著. —2版. —北京：中国建筑工
业出版社，2019.8
　ISBN 978-7-112-23742-5

Ⅰ. ①装…　Ⅱ. ①刘…　Ⅲ. ①装配式混凝土结
构-剪力墙结构-结构设计-指南②装配式混凝土结构-剪
力墙结构-预制结构-制作-指南③装配式混凝土结构-剪
力墙结构-建筑安装-指南　Ⅳ.①TU398-62

中国版本图书馆 CIP 数据核字（2019）第 093007 号

　　本书共分3篇和3个附录，主要针对装配式剪力墙结构，系统地论述了装配式剪力墙
结构深化设计、预制构件生产、装配式剪力墙结构施工。第1篇系统地阐述了装配式剪力
墙结构深化设计，提出了一种新的全预制外墙的连接方法、整体设计方法和技术要求，给
出了剪力墙、连梁、楼板、楼梯、内隔墙等各类构件深化设计要点和计算方法；第2篇系
统叙述了预制构件生产设备、预制构件生产工艺流程、预制构件生产全过程质量控制标
准、预制构件存放运输和预制构件安装方法；第3篇采用表格化、图形化对装配式剪力墙
结构整体施工技术方案和装配式剪力墙结构施工全过程进行了阐述。附录给出了辽宁省地
方标准 DB21/T 2572—2019、装配式剪力墙结构深化设计实例和预制混凝土夹心保温墙板
技术要求，提出了预制混凝土夹心保温墙内外叶墙连接的承载力和变形的检测方法。

　　本书涉及装配式混凝土剪力墙结构实施全过程，内容丰富、通俗易懂、针对性强。可
供从事装配式混凝土结构的工程设计人员、审图机构人员、预制构件厂技术人员、施工技
术人员、监理工程师和从事装配式项目管理的人员参考使用。也可作为高等院校师生的教
学参考书。

　　　责任编辑：王砾瑶　范业庶
　　　责任校对：张　颖

装配式剪力墙结构深化设计、构件制作与施工安装技术指南（第二版）

刘海成　郑　勇　姚大鹏　刘佳瑞　李家旭　著

刘　明　主审

*

中国建筑工业出版社出版、发行（北京海淀三里河路9号）
各地新华书店、建筑书店经销
霸州市顺浩图文科技发展有限公司制版
大厂回族自治县正兴印务有限公司印刷

*

开本：787×1092毫米　1/16　印张：13　字数：320千字
2019年8月第二版　　2019年8月第三次印刷
定价：48.00元
ISBN 978-7-112-23742-5
（34046）

第二版前言

　　随着装配式建筑的国家、行业、地方标准和社团、企业标准的陆续出版，装配式建筑已在全国各地开始建设，尤其是装配式剪力墙结构住宅发展最快。但是装配式建筑设计、构件制作与施工脱节，造成了装配式建筑在工程实施过程中出现诸多问题，影响工程建设速度，个别工程出现质量问题。而在日本，哪些部位现浇、哪些部位预制，构件厂的选择、工程实施计划、分包单位的确定都是由施工起主导作用。一般复杂构件在工厂预制，现场施工尽量简单化，质量易保证。

　　鉴于国内装配式混凝土结构设计、预制构件生产及施工水平尚处于起步阶段，技术、管理人员缺乏，机械、设备、配件、工具配套差，产业工人数量少，工程管理模式落后，计划不精细……整个施工体系尚未从传统现浇施工的粗放型模式转变过来，与构件厂的配合、与设计单位的配合、与分包单位的配合等均存在一定问题，笔者于2016年6月出版发行《装配式剪力墙结构深化设计、构件制作与施工安装技术指南》，其编写方式不同于一般的专著，也不是对规范、标准和图集进行解读。而是根据作者在从事装配式剪力墙结构深化设计、构件制作、施工安装在工程实践中遇到的问题实践和研究战果的体现。

　　装配式建筑的设计不同于现浇结构设计，在我国现行的设计规范中仍是采用的"等同现浇设计"，顾名思义就是结构分析还是按现浇设计，对所有受力构件按现浇做出计算和绘制结构施工图的工作。然后，结合现场实际情况，对图纸进行完善、补充、绘制成具有可实施性的预制构件制作图纸，是装配式建筑在预制构件制作前必须进行的深化设计。习惯上常被称为"拆分设计"。由于设计方法的不完善，常造成了工厂制作和现场安装两难的问题，影响了工效。

　　本书重点研究装配式剪力墙结构深化设计，并通过深化设计提高工效，推进高效设计的理念。全书分3篇：第1篇在总结了目前装配式剪力墙结构深化设计的基础上，提出了一种新的外墙全预制的连接方法、整体设计要求，以及剪力墙、连梁、楼板、楼梯、内隔墙等各类构件深化设计要点和计算方法；第2篇系统叙述了预制构件生产设备、预制构件生产工艺流程、预制构件生产全过程质量控制标准、预制构件存放运输和预制构件安装方法；第3篇通过表格化、图形化的装配式剪力墙结构整体施工技术方案，对装配式施工全过程进行了阐述。包含了从构件进场检查、构件存放、吊装准备、构件吊装、调整就位、连接部位灌浆、结合部位混凝土浇筑等过程，并对施工总体计划（进度计划、劳动力计划、材料计划、起重计划等）、质量控制标准、安全控制标准等提出了具体技术和管理措施。

　　本书已在装配式建筑系列培训课程中使用和实际工程中应用，起到了良好的效果。同时著者参加了国家重点研发计划课题《预制混凝土构件高效配筋及性能化设计理论研究》课题（2016YFC0701402）研究工作，针对装配式剪力墙结构深化设计、构件制作进行了深入研究和工程应用研究，并结合新发布实施的国家标准《装配式混凝土建筑技术标准》GB/T 51231—2016和《装配式混凝土结构设计规程》DB21/T 2572—2019等标准，对本书部分内容进行了修编。

本版由沈阳建筑大学刘海成，沈阳卫德建筑产业现代化研究院郑勇，沈阳建筑大学建筑设计研究院姚大鹏，沈阳建大工程检测咨询有限公司刘佳瑞，沈阳建筑大学李家旭著，沈阳建筑大学、闫煦、周博，东南大学吴刚，清华大学王元清、天津大学宗亮、浙江欣捷建设有限公司朱拂晓、赵军，沈阳市城乡建设事务服务中心宋军、刘明霞，沈阳开物坊建筑规划设计有限公司张硕月，广州市城市更新规划研究院张兴富，北京市燕通建筑构件有限公司杨思忠、赵志刚，沈阳建大工程检测咨询有限公司吴丹丹共同参与编著。由沈阳建筑大学刘明主审。

本书得到国家重点研发计划《预制混凝土构件高效配筋及性能化设计理论研究》课题（2016YFC0701402）和沈阳市现代建筑产业化管理办公室的建筑产业化专项课题资助。

在编写过程中得到了国家重点研发计划（2016YFC0701400）项目研究团队和项目专家组的多位专家学者的指导与帮助，在此表示衷心感谢！同时对为本书中提供资料和宝贵意见的同行一并深表谢意。由于作者水平有限，书中不妥或错误之处，恳请读者批评指正。

全书涉及装配式混凝土剪力墙结构实施的全过程，内容丰富、通俗易懂、针对性强。可作为装配式结构的工程设计人员、审图机构人员、构件厂技术人员、施工技术人员、监理工程师和从事装配式项目管理的人员培训教材，也可作为高等院校师生的教学参考书。

刘海成　姚大鹏
2019 年 5 月 7 日于沈阳

目　　录

第3篇　装配式剪力墙结构施工技术指南

第 1 篇
装配式剪力墙结构深化设计指南

　　随着建筑工业化的发展，建造房屋可以像造汽车一样，可以在工厂把（房屋）构件预制好，运到工地装配起来，这就是我们现在讲的装配式建筑。装配式建筑包括装配式混凝土结构、装配式钢结构和装配式木结构等，装配剪力墙结构是装配式混凝土结构的一种类型，其定义是由部分预制的剪力墙、梁、板或全部由预制混凝土构件组成的装配式混凝土结构，从 2010 年起，在沈阳乃至全国大量应用，装配式建筑的设计不同于现浇结构设计，但目前直接基于装配式建筑设计方法理论和基于预制构件设计组合的设计方法还有待完善，在我国现行的设计规范中仍是采用的"等同现浇设计"，顾名思义就是结构分析还是按现浇设计，对所有受力构件按现浇做出计算和绘制设计结构施工图后，结合现场实际情况，对图纸进行完善、补充、绘制成具有可实施性的预制构件制作图纸，是装配式建筑在预制构件制作前必须进行的深化设计。习惯上，被称为"拆分设计"。由于设计方法的不完善，造成了工厂制作和现场安装两难的问题，影响了工效。本篇重点从现浇剪力墙结构入手，针对钢筋连接方式和应用要点预制剪力墙板常用连接方式、结构构件深化设计要点、以及预制构件脱模、存放、吊装计算的问题，重点阐述装配式剪力墙结构构件深化设计，并通过深化设计提高工效，推进预制构件高效设计的理念。

第1章　装配式剪力墙结构深化设计基本要求

1.1　平面、立面要求

1）平面布局宜采用规则矩形，除北侧楼梯间和电梯间局部有凸凹外，南侧墙体、东西山墙尽可能采用直线形，避免出现厨房、卫生间局部内收狭小豁口户形。户型设计应避免出现凹入主体结构范围内的阳台、厨房、卫生间、空调板等，且不宜设置转角窗。

2）外墙宜采用混凝土结构，当外墙长度超过 6m 时可设置窗洞口，窗下墙可根据工程实际情况确定是否采用混凝土结构，在结构整体刚度允许的情况下，窗下墙可不设计为连梁，采用砌块砌筑（如砂加气混凝土砌块等）或与下部连梁单边连接的预制墙板。当采用预制墙板时，预制墙板可与底部连梁采用钢筋灌浆套筒单排连接。

3）为保证外墙板构件制作方便，外墙板内侧不宜预留管线、线盒、开关面板、插座等。

4）由于主次梁连接构造相对复杂，影响施工速度，因此，内、外墙连梁不宜有垂直方向的梁连接。当不可避免时，可采用预制主梁伸出连接钢筋，与次梁预留钢筋采用套筒灌浆连接（次梁没有延性要求，钢筋连接套筒位置不受限制），连接部位设置在次梁端部，后浇部位长度不应小于 300mm 和套筒连接所需长度最小值。

5）空调板可以整块板预制，伸出支座钢筋，钢筋锚入叠合楼板后浇混凝土叠合层内。预制空调板应伸入预制墙（梁）内。

6）电梯间墙体宜全部采用现浇混凝土结构，主要是考虑不同品牌电梯厂家的轨道布置不尽相同，如采用预制墙体会影响预制构件无法准确预埋。

7）剪力墙结构的内墙体布置时，尽量避免出现十字形边缘构件。就目前预制构件生产单位的制作水平，生产十字形构件的精度不高，因此设计时构件宜以一字形为主。

在厨房卫生间等开关插座、管线集中的地方宜采用填充墙（砂加气混凝土砌块、条形墙板等），不宜布置混凝土墙体，以利于管线施工。如管线不能避开混凝土墙体，宜将管线布置在后浇混凝土部位，最好避开钢筋较多的边缘构件部位。因此，在结构布置和计算分析时，应优化调整剪力墙结构内墙的布置方案。

8）设计时宜尽可能减少设置建筑内部跨度较小的次梁，如楼板跨度不大于 3m，厨房、卫生间隔墙底部可不设次梁，采用楼板局部施加隔墙荷载的方式进行计算。建筑内部的梁应避免纵横方向相交，更应避免纵横梁相交在一个节点。当纵横方向梁相交时，主方向可采用现浇梁，次方向梁可采用半预制方式；如主次梁均预制，可采用十字交叉半预制梁，但构件生产相对复杂。

1.2　钢筋的锚固和搭接

1. 钢筋锚固

预制构件钢筋不宜采用弯锚形式，宜采用端部焊接短钢筋或锚固板锚固的直锚方式。

1）厚保护层修正：指钢筋的保护层厚度为 $3d$ 时，锚固长度修正系数可取 0.80，保护层厚度为 $5d$ 时，锚固长度修正系数可取 0.70；

2）机械锚固：包括弯钩或锚固端头在内的锚固长度（投影长度）可取为基本锚固长度 L_{ab} 的 0.60 倍；

3）厚保护层和机械锚固系数可以连乘，但折减系数不应小于 0.6，故锚固长度最小值与机械锚固长度相同。机械锚固一般采用焊接短钢筋，长度 $5d$，双面焊接，也可采用焊接锚板。但采用焊接锚板时，如侧面伸出钢筋，侧模开孔大，为满足构件制作过程中侧模组装方便，宜优先采用套丝连接的螺栓锚头。由于目前螺栓锚头的尺寸标准没有相关的统一规定，应用时需参照有关厂家的产品样本。

2. 钢筋搭接

1）接触式搭接：属常规的搭接连接，当在同一截面 100% 搭接时，搭接长度为 $1.6L_{aE}$；

2）非接触式搭接：原则上属于钢筋互锚，当钢筋净距满足一定要求时可认为是钢筋互锚，只需满足锚固长度即可，不用按照搭接长度计算。目前国家标准中未对钢筋净距要求作出明确规定，工程中可参考梁柱钢筋的最小净距要求，即钢筋净距 a 满足：$b < a < 0.2l_l$ 与 150mm 的较小值时（竖向构件 b 取 50mm，水平构件 b 取 30mm；l_l 钢筋搭接长度），可近似按照钢筋互锚处理；

3）约束浆锚搭接连接：此连接方式涉及哈尔滨工业大学和黑龙江宇辉新型建筑材料有限公司研发的具有自主知识产权的专利"插入式预留孔灌浆钢筋搭接连接构件"。搭接长度、螺旋箍筋的大小和间距等可参考上述专利技术、地方标准或相关试验资料；

4）波纹管浆锚搭接连接：钢筋连接属于互锚还是搭接，长度是多少，需要根据试验资料确定，或参考相关地方标准。辽宁省地方标准规定波纹管浆锚搭接连接按 100% 搭接处理，搭接长度为 $1.6l_{aE}$。

3. 当梁纵向钢筋不采用灌浆套筒连接时，见图 1.1，应符合下列要求：

1）钢筋连接位置宜在跨度的 1/4～1/3 处；

2）采用弯折互锚的形式，交接处应附加短筋；

3）后浇部位宜采用无收缩混凝土。

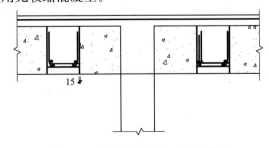

图 1.1　底部钢筋弯折互锚示意图

1.3　细部尺寸要求

预制构件的细部尺寸主要与钢筋的锚固方式有关。

1）T字形边缘构件单侧翼缘剪力墙的尺寸要求

（1）如采用整间墙板，单侧翼墙长度不应小于300mm（图1.2）；

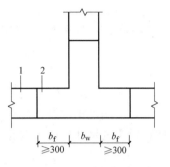

图1.2　T字形边缘构件构造示意
1—预制剪力墙；2—后浇段

（2）如采用柱梁体系，连梁钢筋宜采用机械直锚锚固，单侧翼墙长度如下：

例如当抗震等级为二级时，对于Φ16钢筋，机械直锚锚固长度为 $0.6 \times 40 \times 16mm = 384mm$，因此窗跺净长度应取为400mm；对于Φ18钢筋，窗跺净长度应为450mm；对于Φ20钢筋，窗跺净长度应取为500mm；剪力墙厚度为200mm时连梁纵向钢筋一般采用2根；

（3）如果单侧翼墙长度只有300mm，那么连梁纵向钢筋原则上不能超过18mm，且应采用弯锚锚固，锚固长度为 $0.4 \times 40 \times 18mm = 288mm$。

2）后浇段长度一般不宜小于400mm，主要是考虑施工绑扎钢筋方便，如果考虑水平分布钢筋的搭接连接，后浇段长度不应小于500mm（考虑一般情况水平分布钢筋 Φ8，锚固长度37d，搭接长度为474mm）。因预制混凝土构件结合面处均设有键槽、粗糙面，当竖向后浇混凝土段长度不小于300mm时，新老混凝土结合紧密，在外荷载作用下结构受力性能等同于整个构件，可不进行竖向结合面承载力验算。

3）墙板预制构件长度一般不宜小于2m，长度在1m以下的构件宜采用现浇构件。

1.4　连接构造应与计算假定相符合

1）预制构件通过后浇结合部位形成整体，结构的传力途径、连接构造应与计算假定相符合。如部分构件由于施工方法原因，造成实际传力与计算假定不相符合，需估算出偏差的范围大小，对结构计算结果进行局部修订，并采取相应的计算和构造措施进行调整。

2）如窗口作为整间墙板预制，应注意窗下墙在结构计算中是否按照连梁进行计算。如窗下墙做成混凝土墙并与剪力墙边缘构件刚性连接，则窗下墙对主体结构的约束增强，结构计算时应考虑窗下墙对结构整体刚度的影响，并应按两根连梁的刚度和进行折算连梁截面高度，此时墙肢内力符合实际情况。

3）连梁和下部墙板（无洞口或者有洞口）整间预制时，如果底部垫片设置在墙下，安装完成后墙板竖向力已经传递完毕。顶部连梁和叠合楼板整浇后，竖向荷载会通过楼板→连梁→连梁下墙体→下层连梁→下层连梁下墙体→下层连梁，应避免传力途径不清晰。如果计算中墙板仅考虑单层传力，当连梁和楼板整浇后，应把下部墙板的施工临时垫片去除，可以避免竖向荷载连续传递。

4）内隔墙板如做成混凝土墙板，板顶与预制梁之间需预留梁变形的缝隙，否则会造成由于梁变形引起的竖向连续传力问题，造成实际内隔墙板变成竖向传力构件。应进行内隔墙上部梁的长期变形计算，跨度在 6m 以内的梁一般可采用预留缝 20mm。如果内墙板和上部结构梁整体预制，施工中板下临时垫片要在施工完成后及时取出。

5）如果外墙仅作为模板使用，混凝土墙板与内侧现浇剪力墙通过对拉螺栓连接，则外墙对结构整体刚度的影响可按照外墙和模板的整体厚度计算结构刚度，但结构承载力计算时应按现浇墙板厚度计算，模板以荷载方式考虑。这种做法既增加结构重量，又浪费材料，设计时不推荐采用。

1.5　深化设计文件要求

装配式剪力墙结构深化设计文件主要应包含设计总说明、预制构件布置图、模板图、配筋图、节点构造详图、预留孔洞、预埋件、信息统计表、预制构件计算文件，应全面准确地反映预制构件的规格、类型、加工尺寸、连接形式、预埋设备管线种类与定位尺寸、验收技术要求等，满足构件制作到施工安装的全过程技术要求。对于有装配率审查要求的尚应包含装配率计算文件。

1. 设计总说明应包含的内容
1）所有的材料信息、部品配件相关技术要求；
2）预制构件标准化设计和协同化设计；
3）套筒、钢筋连接大样图；
4）主要连接节点构造图；
5）预制构件制作、脱模、运输、存放、吊装全过程技术要求；
6）预制构件检验标准；
7）预制构件施工过程的临时支撑方案、连接部位灌浆、后浇混凝土等相关施工技术要求。

2. 装配率计算文件应包含的内容
1）结构构件的装配率计算文件；
（1）水平构件装配率计算表；
（2）竖向构件装配率计算表。
2）围护墙和内隔墙装配率计算文件；
3）装修和设备管线装配率计算文件；
4）加分项装配率计算文件；
5）单体建筑装配率信息统计表。

3. 预制构件结构布置图应包含的内容
1）平面布置图；
2）立面布置图；
3）后浇、预制表示符号要清晰通用，不能与常用画法冲突。

4. 构件深化设计图应表达的内容
1）构件深化设计图是工厂生产用的图纸，应包含 3D 示意图，模板图、剖面图、配筋图、钢筋表（带加工误差要求）、预埋件表格、构件混凝土钢筋信息。

2）构件深化设计图的基本要求。

（1）图中应包含构件位置示意图，显示该构件在整个结构中的位置，以及视图方向；

（2）图中应有三维透视示意图，表示构件的 6 个面视图方向；

（3）钢筋用双线图表示，带肋钢筋要用满外值表示（按照钢筋加工最大正误差）；

（4）套筒连接的钢筋，钢筋表要求有加工误差要求，要与套筒对连接钢筋的误差要求相匹配，钢筋的最短值也在套筒连接的允许范围内；

（5）预埋件数量统计；

（6）构件的重量信息。

3）模板图需要表示的基本内容

（1）门窗、装饰材料、预留洞口、预埋件、管线、开关插座；

（2）粗糙面、键槽构造；

（3）面砖、石材需绘制排版图；

（4）内外墙连接件布置图和大样图。

4）配筋图需要注意以下几点：

（1）预制底板采用焊接钢筋网片时，由于模板尺寸减小 2～3mm，网片下料尺寸一般每边比理论值减小 5～10mm，有利于钢筋网片入模；

（2）预制底板桁架钢筋长度与焊接钢筋网片长度相同；

（3）预制底板采用焊接网片，厨房卫生间预留洞口，需要在周边设置补强钢筋；

（4）预制底板桁架钢筋被洞口截断时，需设置桁架搭接钢筋；

（5）预制梁端部钢筋宜采用焊接短钢筋直锚，螺栓锚头规范没有规定具体数值，如果有相关厂家的产品，最好采用螺栓锚头，可以后安装，有利于侧模脱模；

（6）套筒外侧水平分布筋（箍筋）的直径可以采用 Φ6，间距不小于 50mm，混凝土保护层厚度可为 10mm；

（7）预制墙板后浇部位要绘制配筋大样图。

第2章 钢筋连接方式

2.1 灌浆套筒连接

1. 钢筋连接用灌浆套筒

1）钢筋连接用灌浆套筒是指通过高强灌浆料注入到套筒内，将钢筋对接连接的金属套筒；

2）钢筋连接灌浆套筒（柱、剪力墙）按构造和连接方法分为：一端丝扣连接，一端注浆连接的半灌浆套筒和两端注浆连接的全灌浆套筒。

3）钢筋连接用灌浆套筒按材料分为：球墨铸铁套筒和钢套筒。其中球墨铸铁套筒通过铸造工艺成型；钢套筒采用45号钢，通过车床加工成型。

2. 钢筋连接用灌浆套筒应用要点

1）钢筋采用套筒连接时，宜采用受力钢筋通过套筒对接连接，不宜采用钢筋通过套筒连接后再搭接连接；

2）套筒连接强度高于钢筋母材，缺点是套筒范围内刚度较大，因此设计时应注意由于套筒的存在造成塑性铰位置变化，对于竖向构件相当于塑性铰位置上移，且发生塑性铰处的底部弯矩增大；

3）套筒混凝土保护层厚度要求：现行行业标准《装配式混凝土结构技术规程》JGJ 1—2014规定剪力墙竖向连接套筒外侧钢筋的保护层厚度不应小于15mm（旧版《混凝土结构设计规范》GB 50010—2002的规定和工程经验，预制构件局部混凝土保护层厚度最薄处可取不小于10mm）。

4）套筒净距不应小于25mm；

5）套筒范围内箍筋或剪力墙水平分布钢筋应加密，但同时应考虑此部位混凝土的可浇筑性；

6）套筒、灌浆料应配套使用，对于套筒、灌浆料、连接钢筋种类变化时，应重新做型式检验；

7）灌浆套筒连接钢筋不能用作防雷引下线，可采用镀锌钢板单独设置或与其他现浇部位的钢筋连接；

8）套筒一般有正连接和反连接两种连接方式。正连接套筒在上，钢筋从下端插入套筒内，然后进行封堵注浆。反连接套筒在下，钢筋从上端插入套筒内。实际工程中正连接应用较多，构件制作运输和安装方便，但套筒灌浆时需采用压力注浆，而且连接部位容易吸水，灌浆料施工完毕后产生回落；反连接套筒先灌浆后再将钢筋插入套筒，套筒内灌浆饱满，但必须保证安装精度，在灌浆料初凝之前完成墙板构件调整和连接部位灌浆。

3. 钢筋套筒注浆连接工艺检验

应按相关标准进行，施工前应在现场制作连接试件，经检测合格后方可进行预制构件制作。检验数量可依据辽宁省地方标准《装配式混凝土结构预制构件制作、施工与验收规程》DB21/T 2568 执行，检测试件 3 组，如 1 个试件不合格，样本扩大至 6 个，如再次出现不合格试件，则此种连接方式判定为不合格。连接部位和套筒灌浆过程中亦应按分段验收的要求制作现场平行试件，以灌浆全过程控制、平行试件抗拉强度检验、影像资料存档作为验收合格的依据。

4. 预制剪力墙竖向钢筋套筒连接

1）墙体竖向分布钢筋可采用套筒"梅花形"连接，但在结构承载力计算时剪力墙分布钢筋配筋率，应按照实际采用与套筒连接的钢筋面积计算；

2）采用套筒连接处的竖向分布钢筋保护层厚度以套筒外侧的水平分布钢筋为准，套筒位置的竖向钢筋平面位置（与现浇相比）应向墙内侧偏移；

3）墙体竖向分布钢筋可采用单排钢筋套筒连接（图 2.1）。

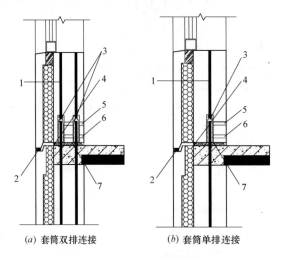

图 2.1 两种套筒灌浆连接构造

1—竖向连接钢筋；2—背衬材料、密封胶；3—竖筋连接套筒；4—硬质橡胶条；5—出浆孔；6—注浆孔；7—坐浆

5. 梁纵向钢筋套筒连接

1）如梁有延性要求，且钢筋采用套筒连接，套筒位置应避开梁端塑性铰区域，一般为 1.0 倍梁高度范围内不能出现套筒（图 2.2）；

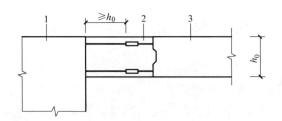

图 2.2 连梁纵向钢筋在后浇梁段内连接示意

1—预制剪力墙；2—后浇节点；3—预制连梁

2）次梁没有延性要求，套筒位置不受限制，次梁端部可采用套筒连接。

2.2 浆锚搭接连接

1. 约束浆锚搭接连接

1）墙板预制时需在墙板内成孔，通常有抽芯成孔和预埋波纹管成孔两种成孔方式。抽芯成孔在墙板内插入预埋专用螺旋棒，在混凝土初凝之前旋转取出，形成预留孔道；预埋波纹管成孔在墙板内预埋金属波纹管，浇筑混凝土后波纹管不抽出，形成预留孔道。构件连接时，预留的连接钢筋从下部插入预留孔道，在孔道外侧钢筋连接范围内设置附加螺旋箍筋，然后在孔道内注入微膨胀高强灌浆料形成带约束的浆锚搭接连接方式（图 2.3）。

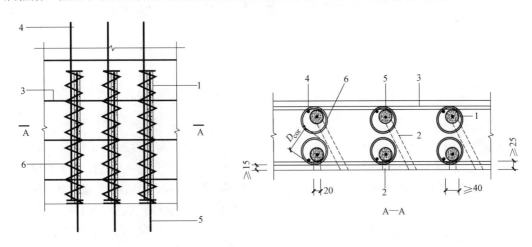

图 2.3　约束浆锚搭接连接构造示意

1—预留插筋孔；2—灌浆或出浆孔；3—剪力墙水平钢筋；4—剪力墙竖向钢筋；5—连接钢筋；6—螺旋箍筋

2）钢筋浆锚搭接的长度小于普通搭接长度，但大于钢筋套筒连接的长度，具体搭接长度和螺旋箍筋规格现行国家标准未做明确的规定，可参考辽宁省地方标准《装配式混凝土结构设计规程》DB21/T 2572—2019 或厂家资料。

3）约束浆锚搭接连接理论上属于钢筋非接触式搭接，但由于螺旋箍筋的存在，搭接长度可相应缩短，同时由于连接部位的钢筋强度没有增加，因此不会影响塑性铰出现的位置。

4）采用抽芯成孔的约束浆锚搭接连接的缺点是，预埋棒必须在混凝土初凝后取出来，取出时间、操作规程掌握的需恰到好处，时间早了容易塌孔，时间晚了，预埋棒又取不出来，成孔质量难以保证。如孔壁出现局部混凝土损伤（微裂缝），对连接质量有一定影响，因此，需在预埋棒上涂刷缓凝剂，成型后冲洗预留孔，尚应注意孔壁冲洗后是否满足约束浆锚连接的相关要求。

5）注浆时可在一个预留孔上插入连通管，以防止由于抽芯成孔孔壁吸水导致灌浆料的体积收缩，连通管内灌浆料回灌，保持注浆部位充满。此方法对预埋波纹管成孔连接或套筒灌浆连接同样适用。

2. 波纹管浆锚搭接连接

1）在预制混凝土墙板内预留金属波纹管，预留的连接钢筋从下部插入波纹管，然后在孔道内注入微膨胀高强灌浆料形成的连接方式（图 2.4）。

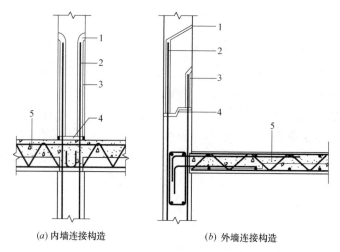

(a) 内墙连接构造   *(b)* 外墙连接构造

图 2.4 波纹管浆锚搭接连接构造示意
1—注浆孔；2—竖向连接钢筋；3—金属波纹浆锚管；4—坐浆层；5—叠合楼板

2）波纹管浆锚搭接的钢筋非接触的搭接长度小于普通搭接长度，大于钢筋套筒连接的长度，在无可靠试验资料的前提下，一般可偏安全的按照现行规定的搭接长度采用。

3）波纹管的混凝土保护层厚度，依据预应力波纹管预埋要求和欧洲规范相关要求，一般不宜小于 50mm，因此在制作预制剪力墙板构件时，两侧纵向钢筋应梅花形设置，波纹管相互错开，但这样会造成钢筋在连接位置需弯折内收，对钢筋的加工精度要求较高。

4）外墙采用此方式连接时，波纹管水平连接位置可在楼板上高度 500mm 处，免除楼板浇筑模板，但是在外墙上需预留楼板胡子钢筋。

5）波纹管浆锚搭接连接结构最大适用高度小于其他连接方式，主要是目前试验资料和工程经验不够充分。

第3章 预制剪力墙板间的主要连接方式

3.1 边缘构件现浇、非边缘构件预制

1）边缘构件现浇、非边缘构件预制为现行国家标准《装配式混凝土建筑技术标准》GB/T 51231—2016 推荐的形式，其主要原因是现浇剪力墙结构试验资料多，已经历过多次地震检验，抗震性能较好，而装配式剪力墙结构试验资料和工程经验不多，如果边缘构件采用后浇，则边缘构件内纵向钢筋连接可靠，结构的整体抗震性能可以得到保证；剪力墙竖向分布钢筋在地震作用下不易屈服。

2）边缘构件现浇、非边缘构件预制存在的问题主要在于墙体水平分布钢筋不能实现与现浇结构相同的锚固和搭接连接。边缘构件的箍筋和水平分布钢筋有搭接，边缘构件内箍筋会承担水平剪力，这与现浇结构的设计思路有差异。现浇剪力墙结构，水平钢筋弯锚在边缘构件内，边缘构件的箍筋不受水平力，按照构造要求配置即可，其主要作用是约束边缘构件区域的混凝土，在强震时出现塑性铰，形成耗能结构。预制剪力墙水平分布钢筋与边缘构件内箍筋应保证有足够的搭接长度，会造成后浇部位尺寸加大。如果从墙体内伸出封闭水平钢筋与箍筋搭接，并在搭接连接区域内设置 4 根竖向钢筋，类似于边缘构件的箍筋环套环连接，这种连接方式是可行的，搭接长度可减少到 $0.6l_{aE}$。另外，还可以加大后浇部位的长度，实现水平分布钢筋和箍筋的完全搭接，若水平分布钢筋端头做成 135°或 90°弯钩，搭接长度可减少到 $0.8l_{aE}$。

3）边缘构件现浇、非边缘构件预制的基本构造以 90°弯钩为例见图 3.1，其他形式的构造示意可参考国家标准图集《装配式混凝土结构连接节点构造》15G310-2。

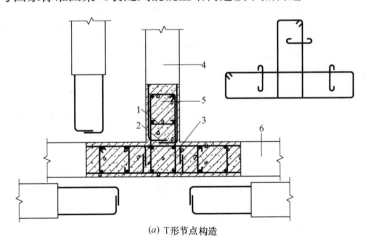

(a) T形节点构造

图 3.1 节点连接构造示意（一）

1—水平连接钢筋；2—拉筋；3—边缘构件箍筋；4—预制墙板；5—后浇部分；6—预制外墙板

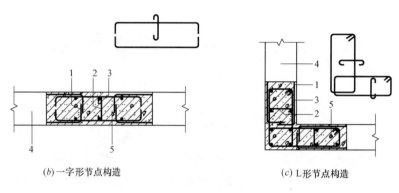

(b) 一字形节点构造　　　　　　　(c) L形节点构造

图3.1　节点连接构造示意（二）

1—水平连接钢筋；2—拉筋；3—边缘构件箍筋；4—预制墙板；5—后浇部分

4）此方式的优点为边缘构件后浇，抗震性能基本等同于现浇结构，仅墙体竖向分布钢筋采用套筒连接，可减少套筒使用数量；其缺点为边缘构件后浇模板复杂，水平分布钢筋与边缘构件箍筋若要满足搭接长度，或按箍筋的要求进行搭接，会使后浇区域增大。

3.2　全预制外墙、后浇部分设置在内墙

1）全预制外墙，后浇部分设置在内墙的连接方式是建立在日本柱梁体系拆分方法基础上的改进。外墙基本全预制，内墙可选择部分预制或全部现浇。

2）连梁底部钢筋宜采用直锚，加焊锚头锚固长度可缩短为$0.6l_{aE}$，如果抗震等级为二级，l_{aE}为$40d$，如果钢筋直径超过Φ20，剪力墙单边翼缘长度小于500mm，也可采用弯锚。连梁上部钢筋应优先采用直锚，以方便施工。

3）应采用剪力墙上预留梁窝，如果连梁纵向钢筋为Φ16，梁窝长度不小于400mm，要求T形剪力墙翼缘尺寸不小于400mm；如果连梁纵向钢筋为Φ18、Φ20梁窝长度不小于500mm，要求T形剪力墙翼缘尺寸不小于500mm。

4）剪力墙上预留梁窝范围内的箍筋做成开口，待连梁安装完成后，可通过U形钢筋搭接或焊接，形成封闭箍筋（图3.2）。

5）外剪力墙上伸出箍筋和水平分布钢筋与内剪力墙伸出的水平分布钢筋搭接连接（图3.3），搭接长度取$1.6l_{aE}$，如果属于钢筋非接触式搭接连接，间距在50mm以上，可对搭接长度进行折减，由于实际很难保证相互搭接钢筋间距在50mm以上，所以一般按搭接长度$1.6l_{aE}$执行。其他更多形式的构造示意可参考国家标准图集《装配式混凝土结构连接节点构造》15G310-2。

6）此种方法优点是外墙几乎全预制，预制构件全部为一字形，构件制作简单，后浇部分模板基本为一字形；其缺点是窗下墙如采用预制，施工较为复杂，所以在施工水平不高的前提下，一般窗下墙可选择砌筑的方式（如采用加气混凝土砌块砌筑）。

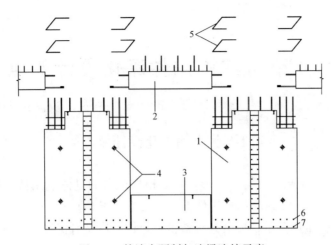

图 3.2 外墙全预制与连梁连接示意

1—预制剪力墙外墙板；2—预制叠合连梁；3—预制窗下墙板；4—斜支撑连接件；

5—U 形箍筋；6—出浆孔；7—注浆孔

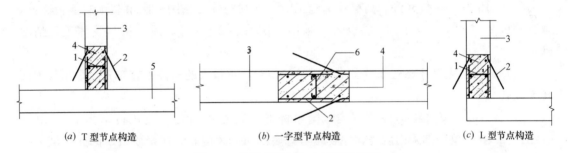

(a) T 型节点构造   (b) 一字型节点构造   (c) L 型节点构造

图 3.3 外墙全预制与内墙连接示意

1—边缘构件箍筋；2—水平连接钢筋；3—预制墙板；4—后浇部分；5—预制外墙板；6—拉筋

第4章　结构构件深化设计要点

4.1　剪力墙深化设计要点

1）预制剪力墙宜全部设计为一字形，且应根据塔吊的具体选用情况控制最大构件的重量，通常宜控制在10t以内，单个构件重量一般不大于5t。

（1）一字形构件生产简单，模具系统造价低，构件质量有保证，有利于降低预制构件制作成本；

（2）单个构件重量不大于5t，大致相当于控制单个剪力墙的预制长度不超过4m，一方面是为了生产、运输方便，另一方面也会降低施工塔吊的费用，减少安装时间；

（3）如果塔吊吨位允许，高层住宅施工时，预制构件可采用一次吊装预制墙板2件，预制楼板2～3件，一般在10层以上可采用每次吊装2～3件，或者根据具体工程情况确定；

（4）结构深化设计要充分考虑施工塔吊的位置，重量大的构件不宜布置在塔吊最大回转半径处。

2）剪力墙约束边缘构件范围内，国家标准《装配式混凝土建筑技术标准》GB/T 51231—2016建议全部采用后浇，主要是考虑底部加强区钢筋的连接质量，因此区域为强震作用下的塑性铰区域；另外，约束边缘构件阴影区域比构造边缘构件范围大，如果边缘构件现浇，会导致墙板预制构件种类增多。但现在墙板都是流水线生产，即使构件尺寸相同，生产过程中也需要重新组装模具，而且边缘构件阴影区全现浇，造成整体装配率降低，施工模板复杂，水平分布钢筋的锚固和搭接也不符合现浇的构造要求。对于7度地区，如果考虑底部加强区塑性铰位置上移（套筒连接位置以上，需要对塑性铰进行重新修正），底部加强区剪力墙可以采用边缘构件部分预制。

3）剪力墙边缘构件如采用部分预制，一般可分为T形节点和L形节点，一字形节点主要是钢筋搭接连接。

（1）T形节点翼缘预制，腹板部分设置600mm长度后浇段，或者腹板全部后浇，考虑腹板部分边缘构件的箍筋，后浇段长度由水平分布钢筋最小搭接长度确定；

（2）L形节点翼缘（腹板）预制，后浇段长度600mm；

（3）十字形剪力墙节点应尽量避免，如果避免不了，则采用墙板预制节点后浇，后浇段长度不小于 $b \times h = 600\text{mm} \times 600\text{mm}$；

（4）底部插筋范围内可选用双向U形筋替代封闭箍筋。

4）剪力墙与连梁宜平面内连接，梁窝长度不小于500mm，连梁在剪力墙上搭接长度为20mm，连接节点部位后浇。当连梁与剪力墙平面外连接时，应在剪力墙上预留洞口，预留洞口宽度为梁宽+40mm，洞口高度需根据梁的吊装要求确定。

5）剪力墙竖向拼缝后浇部分的长度宜大于 400mm，有利于钢筋绑扎施工，后浇部分也宜做成一字形。

（1）后浇部位一字形可简化封堵模板；

（2）后浇长度不小于 400mm，最好是 500（600）mm，水平钢筋一般采用 8mm，搭接长度 $1.6l_{aE}$，抗震等级三级（二级）锚固长度 37d（40d），最大搭接长度为 474（512）mm，后浇段长度 500（600）mm 可以实现水平钢筋的搭接；后浇段宽度 400mm 以下由于钢筋交叉很难插进振捣棒，后浇混凝土质量难以保证；

（3）预制与后浇结合部分宜做成露骨料混凝土，水洗面，也可以做成键槽（图 4.1）。

6）剪力墙竖向钢筋连接方式

（1）剪力墙竖向钢筋到构件边缘截断，通过套筒进行搭接连接。优点是钢筋加工方便，每根钢筋都是直线钢筋，误差容易保证，但分离式连接相当于钢筋搭接 2 次，造成配筋浪费。

（2）如果竖向钢筋采用套筒逐根搭接，由于套筒尺寸大，如混凝土保护层厚度不变，则钢筋需进行空间弯折两次，误差很难控制；

（3）如果竖向钢筋采用逐根搭接，可通过减小套筒部分箍筋直径，间距加密，在非套筒部分混凝土保护层厚度适当增大；例如，Φ14 钢筋套筒外径 40mm，套筒外箍筋（水平分布钢筋）为 Φ6，其他部分箍筋（水平分布钢筋）为 Φ8；如果套筒部分混凝土保护层厚度 10mm，则正常钢筋处混凝土保护层厚度约为 20mm；如果套筒部分混凝土保护层厚度 15mm，则正常钢筋处混凝土保护层厚度为 25mm，

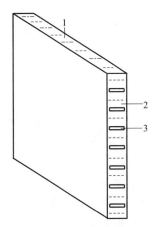

图 4.1　预制剪力墙与现浇
结合部示意
1—水平结合面；2—竖向结合面；
3—竖向结合面抗剪键

虽然厚保护层对于耐久性有好处，但是在强震作用下，箍筋外混凝土保护层可能会出现剪切破坏脱落。因此建议剪力墙非套筒连接部位混凝土保护层厚度为 20mm，套筒部位保护层 10mm，套筒长度一般不超过 200mm，在此局部范围内保护层 10mm（现浇结构保护层厚度允许误差为 −5～＋8mm），由于预制构件质量的稳定性好，结构耐久性没有问题。

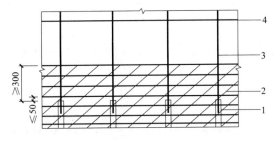

图 4.2　钢筋灌浆套筒连接范围水平分布
钢筋的加密构造示意
1—灌浆套筒；2—水平分布钢筋加密区域（阴影区域）；
3—竖向钢筋；4—水平分布钢筋

（4）剪力墙分布钢筋可采用单排套筒连接，分布钢筋单排连接可以采用 1Φ16 替代 4Φ8，如果要求套筒连接钢筋面积不小于被截断钢筋的 1.1 倍，可根据计算需要增加 1～2 根连接套筒。

（5）钢筋连接套筒范围按照国家标准，套筒上部 300mm 范围内水平分布钢筋应加密间距为 100，箍筋相同（图 4.2）。

7）边缘构件和墙体纵向钢筋尽可能统一钢筋型号和直径。

（1）墙体边缘构件范围外竖向和水

平分布钢筋统一为 Φ8，混凝土强度等级 C30，抗震等级为三级（二级），锚固长度 l_{aE} 为 37d（40d），钢筋搭接长度 $1.6l_{aE}$ 理论值为 474mm（512），这样后浇段长度 500mm（550mm）就可以实现全截面 100% 钢筋搭接，如果钢筋端部增加 135°或 90°弯钩，则搭接长度可减小为 $0.8l_{aE}$。

（2）边缘构件竖向钢筋统一为 Φ12 或 Φ14，这样套筒型号统一，钢筋预留长度（插入套筒部分）也便于统一，边缘构件纵向钢筋连接采用一对一连接，可以分离式搭接连接（国家标准不推荐）。

（3）边缘构件箍筋统一为 Φ8；套筒范围箍筋直径统一为 Φ6，间距根据等强度代换进行加密设置。

8）剪力墙 T 形构件单侧翼缘长度不宜小于 500（400）mm，L 形构件单侧不计腹板的翼缘长度不宜小于 500（400）mm，可实现外墙全预制的连接方式，此时对应预制连梁的纵向钢筋直径为 Φ20（Φ16），剪力墙预制构件与预制构件后浇连接带宽度不小于 600mm。

9）剪力墙边缘构件箍筋以及箍筋与预制墙体水平分布钢筋的搭接问题。

（1）如果边缘构件后浇，则预制墙板水平分布钢筋会出现和边缘构件箍筋的搭接问题。墙体水平分布钢筋应按照现浇构造要求，伸入边缘构件内进行弯折锚固，对于计入配箍率的墙体水平分布筋，应满足相关构造要求；

（2）边缘构件部分预制（外墙全预制）只要后浇段长度大于 512mm，即可实现按现浇构造考虑水平分布钢筋计入边缘构件配箍率。

（3）水平分布钢筋采用环套环连接，应注意墙体水平分布钢筋和边缘构件箍筋搭接长度问题。

10）连接件的选择和布置。

（1）哈芬不锈钢连接件：系统受力明确，中心部位连接件承担竖向荷载，刚度大，边界连接件承担温度收缩等作用，刚度小，可以适应温度环境作用下的变形。

（2）Thermomass 连接件：相当于均匀受力的多个悬臂梁集成系统。

（3）其他类型连接件：谨慎使用，相关产品需通过技术鉴定，且有相应的计算方法和标准。

4.2 叠合梁深化设计要点

1）剪力墙结构连梁和框梁一般控制梁跨度不大于 6m，6m 以下的梁一般采用两点吊装，6m 以上的梁采用 4 点吊装，并需要进行组合吊具设计。

2）剪力墙连梁一般从板顶到窗顶为梁高，窗下墙可做成连梁。如果窗间墙根据计算需要做成连梁，宜做成双连梁，而不是做一个整体连梁。如果采用模拟柱梁体系的深化设计方法，窗下墙最好做成竖向套筒单排连接（钢筋间距不低于 400mm）的墙板，或者采用砂加气砌块进行砌筑；窗下墙如果做成独立连梁，结构电算时可按照双连梁计算，也可按照折算刚度进行计算，但是在配筋计算时，需手算，内力在两个连梁按照抗弯刚度分配。

3）连梁一般不与窗下墙整体预制，窗下墙可采用砌筑，也可采用预制墙板。采用预制墙板可以采用单排套筒（套筒设置在预制墙板中心部位）与下部连梁连接。

4）连梁箍筋宜做成闭口箍筋，相应叠合楼板板底不伸出"胡子钢筋"。

5）连梁在剪力墙上搭接 20mm，连梁底部钢筋宜采用直锚锚入墙肢，锚固长度可以折减 0.6，若抗震等级二级，连梁底部钢筋直径 Φ16，直锚锚固长度 384mm，则剪力墙预留梁窝长度 400mm 即可；如连梁底部钢筋 Φ20，直锚锚固长度 480mm，则剪力墙预留梁窝长度 500mm；连梁上部钢筋可采用直锚，伸入楼板后浇叠合层内。

6）连梁水平结合面抗剪由于有箍筋存在且梁端加密，一般可以满足要求，支座剪应力最大，应验算支座处水平结合面剪力是否满足要求。

7）连梁搭接在剪力墙上 20mm 时，不用考虑竖向结合面的抗剪问题，按照正常剪力计算即可。当连梁竖向结合面需验算抗剪时，可同时考虑后浇混凝土、纵筋直剪和键槽共同受力，按现行行业标准《装配式混凝土结构技术规程》JGJ 1 的相关公式进行计算。设计时通常宜考虑连梁伸入墙肢 20mm，以避开连梁竖向结合面抗剪问题。连梁端部可设置键槽或粗糙面。

8）主次梁交接时，宜采用次梁预制主梁现浇。如主次梁均预制，宜采用钢筋套筒连接，连接部位设置在次梁，因次梁在地震作用下无延性要求，套筒位置可不受限制。

9）连梁一般采用预埋钢丝绳作为吊钩，也可采用钢筋硬吊钩，由于顶面是结合面，需进行拉毛处理，一般不采用母螺丝预埋。通常采用 2 点吊装，较大连梁可以采用 4 点吊装，但吊具系统相对复杂。

10）连梁竖向支撑一般设置两道即可，跨度较大时可根据计算确定。

4.3 叠合楼板深化设计要点

1）叠合楼板后浇叠合层厚度不小于 70mm（预制底板厚度一般为 60mm）时，竖向荷载传递方式可等同现浇楼板。垂直于拼缝方向上的墙体，在轴压比验算时可考虑 3%～5% 的增大系数；平行于拼缝方向上的墙体轴力按照双向板传力计算，为安全起见可不折减。楼板荷载按照半双向板传递，墙体自重、梁上荷载传递方式不变，综合考虑以上因素，垂直于拼缝方向上墙体的轴压比在验算时可考虑 3% 的富裕度。

2）当叠合楼板预制底板无板缝密拼时，在竖向荷载作用下可按单向板进行计算，但应根据不同长宽比进行拼缝平行方向的计算配筋折减：

（1）预制底板板缝原则上应与楼板短边方向平行设置。

（2）为便于板底钢筋采用焊接钢筋网片，通常采用分布钢筋在下受力钢筋在上的布置方式（分布钢筋与楼板长方向平行），桁架下弦钢筋与受力钢筋在一个高度上，桁架钢筋设置在受力钢筋间隔内，桁架钢筋的底部钢筋宜参与受力计算。对于跨度不大于 3m 的小跨楼板，当计算结果为构造配筋时，在桁架钢筋位置也可减少一根底部受力钢筋。

（3）叠合楼板厚度宜采用 60mm＋80mm 的形式，预制底板厚度不宜小于 60mm，后浇叠合层厚度不宜小于 80mm，否则电气管线施工困难。如果现场施工质量控制较好，后浇叠合层厚度也可采用 70mm。

（4）垂直板缝方向采用构造配筋 Φ8@200 时，当板长宽比为 1：1.2（板沿短向布置）时，预制板中沿拼缝方向受力筋可减少 40%；当长宽比为 1：1 时，预制板中沿拼缝方向受力筋可减少30％；当长宽比为1.2∶1（板沿长向布置）时，预制板中沿拼缝方向配筋可减少60％。

（5）叠合楼板新老混凝土结合面抗剪强度极限值为3.0MPa（拉毛处理）、1.8MPa（不拉毛处理），即使分项系数取3，新旧混凝土结合面的抗剪强度也大于规范规定的0.4MPa，因此桁架钢筋仅作为抗剪的安全储备，间距应允许放宽到800～1000mm；桁架钢筋腹筋可以采用冷拔低碳钢丝，直径一般为Φ5或Φ4，腹筋可作为叠合面抗剪的安全储备；桁架钢筋上弦直径不宜小于Φ8，作为楼板支座钢筋的马凳筋；下弦钢筋，当其兼做板内受力钢筋时不宜小于Φ8，当不考虑下弦钢筋受力时不宜小于Φ6。

（6）预制底板脱模和吊装计算可简化为按两边有悬挑的简支楼板进行计算，计算楼板顶部的混凝土拉应力不超过混凝土抗拉强度标准值，此时考虑动力吊装系数1.5，脱模需要注意混凝土抗拉强度并没有达到设计值，一般可按照C15进行计算。脱模验算时吸附力和动力系数不同时考虑，主要是验算吊装过程中，吊点上表面混凝土能否开裂，跨中需要验算裂缝宽度和挠度，跨中挠度计算时预制底板采用短期刚度计算。

（7）施工临时支撑之间的距离一般可为1200mm，最大间距不超过1500mm，可不进行预制底板施工过程验算。如验算，施工阶段板底裂缝宽度起控制作用，不用验算支撑点处上表面混凝土的拉应力，此处即使出现微裂缝，后浇混凝土也能及时将其闭合。

（8）预制底板边支撑距离预制墙（梁）边的距离一般不大于1000mm，主要是考虑预制底板和预制墙（梁）搭接是否可靠，因此边界支撑距离可适当减小。当房间开间不大于3.6m时，可沿房间长方向设置2条支撑。

3）叠合楼板深化设计需考虑下列影响因素：

（1）原则上在一个房间内进行等宽拆分，板宽度不大于2500mm（最大宽度为3000mm），以方便车辆运输；

（2）楼板拆分位置应考虑房间照明位置，灯位一般不宜设置在板缝处；

（3）当楼板跨度不大时，板缝也可设置在有内隔墙部位，这样部分板缝在内隔墙施工完成后不用再处理；

（4）电梯前室处楼板如果强弱电管线密集，80mm后浇叠合层管线布置困难，可考虑此处楼板全部采用现浇；

（5）卫生间楼板如采用降板设计，宜将楼板设计为现浇，板厚可取100mm，其他部位楼板厚60＋80＝140mm，相当于楼板降低40mm；

（6）同层排水的楼板需降板至少300mm，剪力墙在此处需预留豁口；

（7）预制楼板在剪力墙（梁）上的搭接长度为15mm，误差要求为±5mm。

4）当后浇叠合层厚度不小于70 mm时，预制底板板端可取消"胡子钢筋"，采用分离式楼板底部附加钢筋搭接，底部附加搭接钢筋可统一采用Φ8@200，也可与受力钢筋相同，建议采用Φ8@200（在竖向荷载作用下，搭接连接钢筋不受拉），伸入楼板后浇叠合层内的长度不应小于$1.2l_a$。

5）预制底板板缝预留距离为5mm，板缝两侧各100宽范围内，板底减薄5mm，完工后通过挂玻纤网刮素水泥浆（掺胶）处理。5mm为考虑楼板制作误差用，实际施工中预制底板可紧贴设置。

6）预制底板板表面拉毛处理宜采用露骨料，也可采用机械拉毛方式。虽然人工拉毛随机性较大，但新旧混凝土结合面抗剪强度还是可以满足规范要求的。

7）预制底板的裂缝产生原因

（1）混凝土配合比出现问题（水泥品种、粉煤灰掺量、外加剂等）；

（2）混凝土强度等级未达到 C15 就脱模，未达到 C30 就吊装运输；

（3）脱模后未进行防护直接暴露在空气中，降温过快，构件表面温差大，导致出现裂缝；

（4）运输过程中出现颠簸，构件绑扎不牢固，或者支撑设置不合理；

（5）进入施工现场后未按要求进行存放；

（6）吊装未按吊点位置起吊，未使用专用吊具进行安装；

（7）板施工过程临时支撑不符合要求，间距过大，未用木质支撑（直接用脚手架管支撑）。

8）预制底板预留圆孔采用水钻后钻孔，预计可能被切断的钢筋需要事前做好补强处理。

4.4　楼梯深化设计要点

1）剪刀楼梯宜整段作为一个楼梯板进行预制构件划分，不宜在中间位置设置梁。

2）双跑楼梯需注意的是半层处休息平台板与外墙的连接，此处墙体必要时可采用现浇。

3）预制楼梯与现浇楼梯相比，楼梯梁会向后移一个踏步宽左右，一般楼梯梁后移 300mm，因此在楼梯间可能会出现楼梯梁位于门口上方，需注意对建筑美观的影响，但对于高层住宅，楼梯不是主要交通通道，影响不大。

4）预制楼梯板宜采用一端铰接一端滑动的连接方式，也可采用一端固定（现浇）一端滑动的连接方式。

（1）一端铰接时，可采用螺栓连接，在预制楼梯板和梯梁挑耳上预留孔洞，后插螺栓灌浆。

（2）一端铰接时，可采用梯板端部预埋钢板，焊接钢筋锚固在平台板后浇面层内。

（3）一端固定（计算可按照铰接计算），预制楼梯板伸出钢筋，锚固在平台板后浇面层内。

5）楼梯板侧边与剪力墙预留缝隙 20mm，如果剪力墙安装精度能够保证，也可预留 10mm 缝隙后封堵，缝隙一般可采用胶粉聚苯颗粒砂浆封堵。

6）预制楼梯板搭接在梯梁上至少 100mm，预留缝隙 20mm，因此楼梯梁挑耳长度一般不应小于 120mm。

7）休息平台板可做成 60mm＋60mm 的叠合板，休息平台板一般只有一个照明线管，60mm 厚后浇叠合层可以满足要求。平台板可做成两边连接，一边与楼梯梁连接，一边与剪力墙连接，剪力墙上伸出预留钢筋或现浇。

8）预制楼梯梁需要在楼梯间剪力墙上预留孔洞，孔洞尺寸需考虑楼梯梁倾斜吊装时可放入，预制剪力墙孔洞处设置垫片调整楼梯梁高度。洞口应避开边缘构件位置，墙体竖向分布钢筋切断后应在周边进行补强。

9）楼梯板栏杆一般采用隔一个踏步或者隔两个踏步预留栏杆插孔。

4.5　内隔墙深化设计

1）内隔墙目前应用较多的做法有：整间混凝土空心板、条形板、硅酸钙板＋EPS 混凝土、ALC 板（蒸压加气混凝土墙板）、CL 板（中间 EPS 板，两面喷射细石混凝土）、轻钢龙骨石膏板、砂加气混凝土砌块砌筑等。

2）内隔墙板为避免板接缝处开裂，宜采用整间墙板或砌块砌筑。采用整间墙板（空心板）时，需进行脱模、吊装过程的构件承载力和正常使用验算。

3）内隔墙板不采用整间板需进行二次布板设计，考虑生产、运输、安装等因素。拼缝处应采取相应防裂处理措施。

4）当内隔墙板采用整间墙板时，可采用下端直接搁置在结构梁（楼板）上，上端与梁铰接连接的构造。一般不采用墙板侧边与结构连接，主要是施工不方便。板顶距离梁底预留 20mm 缝隙（考虑梁板的竖向变形），墙板侧边与结构墙预留 20mm 缝隙。缝隙可用 EPS 砂浆（或其他柔性砂浆）封堵，满足防火构造，满足相关抗震构造。由于内隔墙板安装完成后进行地面面层施工，一般面层不小于 50mm，因此内隔墙板底部水平方向约束较强。当采用架空地面时，内隔墙板底需和结构梁（板）通过角钢等专用固定件连接。

5）电气管线可根据内隔墙种类进行设置：

（1）整间墙板采用直接预埋；

（2）空心条形板、砌块可采用安装后重新切割处理；

（3）现场喷射的 CL 板可将管线设置在喷射混凝土层内；

（4）砂加气混凝土砌块管线需现场进行墙体二次开槽。

4.6　设备管线设计

1）电气管线、面板、插座宜设置在内墙上，且宜避开剪力墙，若不能避开剪力墙，宜避开边缘构件钢筋密集范围，并最好布置在后浇部位。外墙不应预留电气管线。

2）设置在墙板上的预留洞口需精确定位，电气管线宜直线设置。

3）电气预留 86 盒需精确定位，包括高度和平面位置等。

4）卫生间排水管线预留洞口考虑安装误差宜适当加大，排水管预留 Φ150（Φ100），其他管线预留 Φ100，需中心对齐设置，也可根据生产的实际误差进行调整。

5）卫生间如果采用整体卫浴，水电预留接口需根据产品接口进行调整。如果不采用整体卫浴，热水管线宜预留在可以切割的内隔墙上，避免热水管线预留在结构墙内。

4.7　吊具设计计算

1）预制剪力墙、预制梁、预制楼梯一般采用焊接钢梁作为吊具。焊接钢梁做成专用吊具，组合工字钢或者组合槽钢，一般长度不超过 6m，上部设置 4 个吊点，下部可设置 6～8 个吊点。考虑吊装动力系数为 1.5。

（1）钢丝绳安全系数至少取 5 以上，一般可取为 10；

（2）钢梁需进行强度和刚度验算，安全系数不小于 4；

（3）吊点钢板需进行抗拉、抗剪、局部抗压强度计算，安全系数不小于 4。

2）预制剪力墙、预制梁每个构件的吊点，一般按照只有两个吊点起作用计算预埋吊件，考虑动力系数 1.5，实际操作可以 4 点起吊，吊点一般是 2 的倍数。如果是大型组合吊具，对于构件可以按照多点受力考虑。吊点标准件的承载力需要专业厂家提供数据，如果是实验实测极限值，安全系数至少取 2 以上。

3）预制楼板吊具采用专门设计吊具。

第 5 章　预制构件脱模、存放、吊装计算

5.1　剪力墙计算

1）现行国家标准《装配式混凝土建筑技术标准》GB/T 51231—2016 规定同一楼层对于现浇部分的剪力墙弯矩和剪力乘以 1.1 增大系数，目前结构设计均采用计算软件计算，如果程序没有设置参数，很难实现，只能采用增加全部墙体剪力进行校核计算。系数 1.1 未考虑预制墙体和现浇墙体的比例，如果预制墙体占楼层结构墙体面积超过 50％或更大，系数 1.1 可能偏小。而且，对于 7 度地区剪力墙纵向钢筋计算结果大多数为构造配筋。即使弯矩和剪力乘以 1.1 增大系数，对剪力墙配筋几乎没有影响，所以，对于 7 度及以下地区，如果楼层墙体预制面积率不大于 50％，此条可以不考虑。国家标准制定此条的主要考虑预制剪力墙由于连接部位整体抗弯刚度下降约 10％左右，因此在楼板平面内刚度无穷大的假定下，现浇部分的剪力墙会多吸收剪力，因此，才对同楼层现浇部分剪力墙乘以增大系数 1.1。

2）剪力墙水平连接部位计算。

剪力墙水平连接部位一般为 20mm 的灌浆料。

（1）受拉承载力计算时不考虑混凝土，只计算钢筋，因此连接部位灌浆料不用进行计算。一般低烈度区的剪力墙结构墙肢一般不会出现拉力，除非设防烈度 8 度及以上时，有些较小的墙肢在结构的底部几层可能会出现偏心受拉；

（2）受压承载力计算时，连接部位为灌浆料，灌浆料强度一般为 C80 以上，强度远高于剪力墙预制构件本身强度，因此受压计算时不用计算连接部位的灌浆料；

（3）压弯承载力计算时，分为受拉区和受压区，与上述（1）和（2）相同；

（4）受剪承载力计算时，按现行行业标准《装配式混凝土结构技术规程》JGJ 1 的相关公式计算，不考虑抗震承载力调整系数，剪力墙竖向钢筋一般均能满足抗剪计算要求。

3）剪力墙竖向连接部位只要满足构造要求，就可认为连接成一个整体，不用计算。主要有如下几点：

（1）后浇段长度不宜小于 300mm，考虑施工方便后浇段宽度可取为 400～600mm；

（2）结合面设置粗糙面或键槽，键槽尺寸、间距满足相关规定要求后，新旧混凝土结合为一个整体，可不用计算。

4）剪力墙脱模计算。

（1）动力系数取 1.5；

（2）吸附力取 1.5kN/m²；

（3）拉结筋 Φ6@600（剪力墙竖向钢筋之间的拉结筋）按受拉进行计算；

（4）剪力墙板按点支承（脱模吊点）的板进行计算，主要验算吊点处的裂缝宽度。

5）剪力墙脱模时吊装计算。

（1）动力系数取 1.5；

（2）按 4 点（吊点数量）简支板进行计算；

（3）验算裂缝和变形。

6）剪力墙翻身后，吊装计算，一般墙体配筋均满足要求，需要进行预埋件的受力计算，预埋件需要根据厂家提供的数据进行计算，如果吊点为 4 个，当采用专用吊具时，可按照 4 点受力计算，一般只考虑 2 个吊点起作用。

7）预制剪力墙用立式存放时，底部设置 2 条垫木 150mm×150mm 支撑，一般距离端部 500～800mm，也可以统一规定为 600mm。

8）预制剪力墙就位时，底部采用 2 个定位点，较长剪力墙可考虑 3～4 点。一般垫片尺寸是 40mm×40mm 钢板，一般可不进行局部抗压验算（下层混凝土浇筑一般 12h 后即开始上部剪力墙构件安装）。如果是采用可调节螺栓进行标高定位，一般螺栓不小于 Φ24，宜采用 Φ30 预埋螺栓。

9）如采用夹心保温外墙板，则外叶墙板厚度建议不小于 60mm，同时尚应对其进行风荷载、地震作用、温度作用、环境影响的计算。

（1）外叶墙板在竖向荷载作用下最不利状态是墙板吊装过程，需要进行连接件的受弯和受剪计算；

（2）夹心墙板在脱模状态下，对连接件的抗拉和锚固最不利，需要考虑脱模吸附力进行计算；

（3）夹心墙板在使用状态下，应将重力荷载、风荷载和地震作用组合计算连接件和外墙板的承载能力极限状态；

（4）夹心墙板在温度和环境作用下，计算外墙板的承载力和正常使用极限状态，与连接件的布置有关系；

（5）外墙板对结构整体刚度的影响，计算时可由刚度折减系数统一进行考虑；

（6）需要专业厂家配合计算。

10）边缘构件箍筋如参与受剪计算，则箍筋与水平分布钢筋应满足搭接长度要求。

5.2　叠合梁计算

1）叠合梁需进行结合面受剪承载力计算。

（1）水平结合面需进行受剪承载力计算，一般水平结合面受剪较容易满足要求；

（2）竖向结合面如果连梁伸入到剪力墙 20mm，竖向结合面可不进行受剪承载力验算；

（3）竖向结合面受剪可考虑后浇混凝土面层、键槽和钢筋销栓作用的共同承载力之和，地震作用工况下，乘以相应的折减系数。

2）叠合梁需进行水平结合面受剪承载力计算。

（1）计算水平结合面处的剪应力分布；

（2）正常使用极限状态下，如果结合面剪应力不大于 0.4MPa，可不配置抗剪钢筋，新旧混凝土结合面极限抗剪强度值可达 1.8MPa（不进行拉毛处理）以上，安全系数为 4.5；

（3）承载能力极限状态下，考虑箍筋的抗剪作用，按照 $Q \leqslant \mu f_y A_s \cos\theta$；$\mu$ 可取 1.0；

3）叠合梁需进行竖向结合面受剪承载力计算。

按《装配式混凝土结构技术规程》JGJ 1 的计算公式进行计算，取后浇混凝土、键槽和钢筋销栓作用的共同承载力之和。

4）预制梁脱模过程主要进行预埋件和吊具受拉承载力计算，并应考虑底模吸附力和动力系数。

5）预制梁脱模后吊装需进行下列验算：

（1）一般可按 2 点支承简支梁进行计算；

（2）预制梁吊点外悬挑部分上部一般为素混凝土，计算时通常不考虑腰筋的有利影响，上部混凝土拉应力在吊装过程中不能超过混凝土抗拉强度标准值；

（3）梁跨中需进行承载力验算；

（4）梁跨中需进行挠度和裂缝验算，计算挠度时，取梁的短期刚度进行计算；

（5）如果梁多点吊装时，应按照多跨连续梁进行计算。

6）预制板存放采用 2 条垫木支撑，支撑点位置与吊装点相同，当采用多条垫木支撑时，垫块顶部需设置柔性材料，以保证多点均匀受力。

7）预制梁在吊装后，至少设置 2 道支撑，一般不需要进行施工过程中的叠合梁计算。

8）预制梁吊点通常采用预埋柔性钢丝绳，钢丝绳露出长度各吊点很难一致，为保证构件在吊装过程中保持水平状态，吊具需要具有水平调节装置，一般可采用手动葫芦。

5.3 叠合楼板计算

1. 地震作用下楼板平面内受剪承载力计算

（1）对于不规则结构，应进行楼板平面内受剪承载力计算；

（2）对于叠合楼板底部钢筋未伸入支座，且不设桁架钢筋的叠合楼板，应只考虑后浇叠合层内的钢筋抵抗水平剪力；

（3）受剪承载力计算 $V_E \leqslant 0.07 f_{ct} s_b + 1.5 f_y A_s b / S_s$，式中 A_s 为面层钢筋面积。

2. 地震作用下楼板平面内受拉承载力计算

（1）叠合楼板在地震作用下承受的拉力为剪力墙（框架）之间的剪力差；

（2）如果叠合楼板设置了桁架钢筋，或未设置桁架钢筋但预制板底部钢筋伸入支座，叠合楼板的底部钢筋可参与地震作用下受拉计算；

（3）如果预制楼板未设置桁架钢筋，且预制板底部钢筋未伸入支座，地震作用下楼板受拉只能考虑后浇叠合层内的钢筋起作用。

3. 叠合楼板水平结合面受剪承载力计算

1）预制板表面经拉毛处理、露骨料后，抗剪强度实验值可达到 1.5MPa 以上。

2）带桁架钢筋的预制楼板桁架钢筋可承担结合面剪力。

（1）仅考虑桁架腹筋抗剪，腹筋一般采用冷拔低碳钢丝 Φ6，抗拉强度设计值为 320MPa；

（2）按照如下公式进行计算 $Q \leqslant \mu f_y A_s \cos\theta$，$\mu$ 可取 1.0；

（3）采用荷载分项系数和屈服强度计算：

对于跨度 4.2m 的楼板，厚度 60mm＋80mm，截面平均剪应力设计值为 0.11MPa（最大剪应力 0.22MPa）；桁架钢筋（腹筋冷拔低碳钢丝）Φ6@1000，截面设计剪力为 231kN，抗剪承载力为 322kN；如果采用桁架钢筋（腹筋冷拔低碳钢丝）Φ5@1000，抗剪承载力为 224kN。因此对于跨度 4.2m 以下的楼板，桁架钢筋间距可以为 1000mm；

（4）采用荷载分项系数和抗拉强度计算（安全系数法）：

实际冷拔低碳钢丝抗拉强度标准值为 550MPa。对于跨度 4.2m 的楼板，厚度 60mm＋80mm，截面平均剪应力设计值为 0.088MPa（最大剪应力为 0.175MPa）；桁架钢筋（腹筋冷拔低碳钢丝）Φ6@1000，截面剪力为 185kN，抗剪承载力为 553.6kN，相当于安全系数为 3.0；

根据以上算例，对于 4.2m 以下的楼板，如果桁架钢筋（腹筋冷拔低碳钢丝）Φ5@1000，安全系数可达 2.0。因此工程应用中可根据实际情况进行配置。

4. 预制板脱模过程计算

（1）考虑底模吸附力和动力系数 1.5；

（2）近似按照起吊点位置有悬挑的简支楼板进行计算，主要验算吊点位置上部混凝土拉应力不超过混凝土抗拉强度标准值，需注意的是，此时抗拉强度标准值采用脱模时的混凝土强度，脱模强度等级不低于 C15，抗拉强度标准值 $f_{tk}＝1.27$MPa。对于 60mm 厚度的预制板，吊点位置距离板边距离不应大于 800mm；

（3）脱模吊装后还应验算板的跨中挠度和裂缝，如果跨度大于 4.2m，板厚宜不小于 70mm；

（4）需进行吊装试验，检验桁架钢筋能否从混凝土中拔出，主要是根据试验结果确定。

5. 预制板吊装需进行下列验算

（1）一般可近似按照两边简支板进行计算；

（2）上部在吊装过程中不能超过混凝土抗拉强度标准值，如果脱模过程已经验算，吊装过程可不计算上部吊点位置的裂缝；

（3）预制板跨中需进行承载力验算；

（4）预制板跨中需进行挠度和裂缝验算，计算挠度时，取预制板的短期刚度进行计算。

7）预制板吊装后，板下支撑一般最大为 1800mm，如果支撑间距大于 1800mm，需进行施工过程验算，一般楼板下部设置 2 道支撑即可满足要求。

8）预制板存放可采用木块点支撑，支撑点位置与吊装点相同，垫块顶部需设置柔性材料，以保证多点均匀受力，也可在桁架钢筋上部布置垫木支撑。

9）预应力楼板计算内容基本与设置桁架钢筋的预制板相同，预应力钢筋一般偏心较少，只需抵抗自重作用下的变形。因此，预应力楼板按照混凝土中存在预压力进行计算。

10）预应力楼板表面进行拉毛处理，结合面可不进行受剪承载力计算，浇筑完成后按整体进行计算即可。

5.4　预制楼梯计算

1）预制楼梯一般采用反打工艺预制，上部支座负钢筋要求连续设置。

2）预制楼梯脱模过程主要进行预埋件和吊具抗拉承载力计算，考虑底模吸附力和动力系数 1.5，底模吸附力按照实际面积计算。

（1）需进行吊点处（支座负钢筋）的裂缝宽度计算；

（2）预埋件的抗拉计算。

3）预制楼梯脱模后未翻身过程，按照吊点简支的梁进行计算，动力系数 1.5。

（1）需进行跨中承载力、挠度和裂缝计算（支座负钢筋）；

（2）需进行悬挑端承载力、挠度和裂缝计算（跨中钢筋）。

4）预制楼梯脱模翻身后吊装过程，按照吊点简支梁进行计算，考虑动力系数 1.5。

（1）按照吊点位置为支点计算；

（2）与楼梯使用阶段受力方式相同，只是吊装过程为自重乘以动力系数，使用过程为活荷载，由于消防楼梯活荷载为 3.5kN/m²，因此此阶段没有使用阶段荷载大，一般不是控制工况；

（3）验算跨中正截面的承载能力和正常使用极限状态，计算挠度时用短期刚度。

5）预制楼梯支撑在楼梯梁（楼层梁）垫片位置需进行局部抗压验算。

6）预制楼梯梁需进行施工过程中的抗扭计算，当预制楼梯板搭接在楼梯梁上时，休息平台板后浇面层未成为一个整体，此时楼梯梁受扭，因此结构计算时应考虑此部分扭矩对楼梯梁配筋的影响。

第 2 篇
预制混凝土构件生产技术指南

　　预制构件是装配式建筑的重要组成部分。预制构件是在生产、储存、运输和安装等过程中需要对构件质量进行控制，使其满足相关规范要求，从而保证装配式建筑质量和可靠性。装配式建筑与传统现浇建筑相比，其施工流程增多。因此，预制构件生产前需要审核装配式建筑深化设计方案，明确预制构件在生产、储存、运输和安装各阶段质量控制要点。生产工艺直接关系到预制构件生产质量和效率，所以采用合理工艺合理性显得尤其重要。由于生产阶段对构件质量的控制影响整个施工阶段，需要细化生产过程中质量控制，严格执行质量管理流程和质量标准，包括预制构件生产材料质量控制、预制构件生产过程质量控制和预制构件出厂质量控制。预制构件在储存和运输需要制定合理运输、次序、存放场地、运输路线和保护措施，避免产生不必要的损伤。预制构件在安装时需要合理选择吊点数量、安装流程以及采取相应保护措施。

　　在实际施工阶段由于预制构件质量存在问题，影响施工进度，甚至出现影响结构安全性的质量隐患。因此，本篇系统的论述预制混凝土构件生产设备组成、预制构件生产工艺、预制混凝土构件生产、预制混凝土构件质量控制以及预制混凝土构件存储、运输及安装的技术要点，建立预制构件生产、储存、运输的质量控制机制来保证预制构件生产质量。最终，保证装配式建筑质量和高效施工。

第 6 章　预制混凝土构件生产设备组成

6.1　混凝土搅拌设备

为了完成预制混凝土构件的生产，预制构件厂需要配置混凝土搅拌站。混凝土搅拌站设计时根据产能大小选用合适的搅拌主机，另外预制构件厂的搅拌站还需要考虑生产线的流水节拍、预制构件类型（尺寸、外形、重量等）、运输距离、工厂规模大小以及设计产能等问题。

搅拌站制造虽然是比较成熟的工艺，但是与目前的商品混凝土搅拌站还是有一些区别。目前商品混凝土搅拌站的搅拌主机一般采用卧轴式，但是考虑预制构件对混凝土性能要求非常严格，所以预制构件厂的搅拌站主机一般采用立轴行星式。

搅拌站设备主要包括主机、搅拌站、粉料罐、带式输送机、供水系统、配料系统、外加剂罐、压缩空气系统、电气系统和控制系统。

6.2　钢筋加工设备

钢筋加工设备相对简单且工艺非常成熟，但是预制构件厂对钢筋加工设备的要求显然比施工现场要高出很多。主要有数控钢筋弯箍机，数控钢筋调直切断机，数控立式弯曲中心，数控剪切生产线，套丝机，自动钢筋桁架焊接生产线，钢筋焊网机。为提高预制构件厂的生产效率，要求钢筋加工设备的自动化程度有所提高，主要表现在全自动网片焊接机、桁架焊接机、数控弯箍机等。

钢筋加工设备技术要求：

1）钢筋加工设备应采用国内先进、成熟、可靠的设计与制造技术，设计及选型均采用 ISO 标准。设备的设计与制造应运行安全、设计先进、结构合理、操作简单、维修方便，其总体技术水平达到当今国内同类产品的先进水平。

2）钢筋加工设备的整体结构、机械系统、电气系统和安全保护装置要符合现行有关规范和标准。

3）设备厂家不生产而需从其他制造商购买的零部件的型号、规格等参数，应提供相应制造商的名称和地址。

4）钢筋加工设备的设计图纸和技术文件的制图方法、尺寸、公差配合、符号等都应采用公制体系，并符合 ISO 现行有关标准或中国现行有关国家标准的规定。

5）设备中的机械、气动、液压、电机等配件应选择行业内知名公司品牌产品，PLC、伺服系统等电气控制系统采用国产名牌产品或进口知名品牌产品。

6）所有电线、电缆、信号线缆选用国内制造、性能可靠的品牌产品。

7）设备工作噪声等级应符合国家相关标准的规定。

8）设备在设计、生产及使用过程中，需要采用能耗低、技术含量高，可大幅提高设备运行效率且有效降低能耗的先进设备。

6.3　生产线设备

1）地面支撑轮（图 6.1）
2）模台驱动装置（图 6.2）

图 6.1　地面支撑轮

图 6.2　模台驱动装置

3）模台清扫机（图 6.3）
4）喷涂机（图 6.4）

图 6.3　模台清扫机

图 6.4　喷涂机

5）画线机（图 6.5）
6）布料机（图 6.6）

图 6.5　画线机

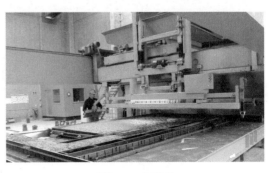
图 6.6　布料机

7）振动台（图 6.7）

8）混凝土输送料斗（图 6.8）

图 6.7　振动台　　　　　　　　　　图 6.8　混凝土输送料斗

9）升降式摆渡车（图 6.9）

10）码垛机（图 6.10）

图 6.9　升降式摆渡车　　　　　　　图 6.10　码垛机

11）翻板机（图 6.11）

12）预养护窑（图 6.12）

图 6.11　翻板机　　　　　　　　　图 6.12　预养护窑

13) 立体蒸养窑（图 6.13）
14) 振动赶平机（图 6.14）

图 6.13　立体蒸养窑

图 6.14　振动赶平机

15) 抹光机（图 6.15）
16) 拉毛机（图 6.16）

图 6.15　抹光机

图 6.16　拉毛机

17) 构件专用运输车（图 6.17）
18) 中央控制室（图 6.18）

图 6.17　构件专用运输车

图 6.18　中央控制室

由于生产线设备都是非标准设备，所以除应对设备提出明确的技术要求外，在设备制作过程需要采购方进行全过程监造以确保制作质量，还应严格控制设备安装质量和精度。特别是在验收阶段要求设备空载验收、负载验收、单机运行、联动运行等方面都必须达到上述要求。设备在使用过程中还要严格执行设备厂家提出的日常保养维修方法。

6.4　预制混凝土构件起重搬运设备

预制构件厂起重机设备分为车间内桥式起重机和车间外成品堆场门式起重机。根据起重吨位大小又区分为单梁起重机和双梁起重机。起重机不仅完成预制构件厂物料、成品运输工作，还是保证安全作业的重点监控对象，所以采购起重机前必须提出明确的技术性能要求。

起重机总体技术要求：

1）起重机应采用国内先进、成熟、可靠的起重机，设计及选型均采用 ISO 标准。结构合理、操作简单、维修方便，其总体技术水平达到国内同类产品的先进水平。

2）起重机的钢结构、机械系统、电气系统和安全保护装置应符合现行有关规范和标准。

3）起重机要有足够的强度、刚度、稳定性和抗倾覆性，各机构能安全可靠地运行，振动、噪声、环保均符合现行有关标准的要求，消防和安全符合我国现行有关标准。

4）设备厂家不生产而需从其他制造商购买的零部件的型号、规格等参数，应提供相应的制造商的名称和地址。

5）起重机的设计图纸和技术文件的制图方法、尺寸、公差配合、符号等都应采用公制体系，并符合 ISO 现行有关标准或中国现行有关国家标准的规定。

6）起重机厂家应负责起重机总体设计、制造、运输、安装、调试、检测、报批等工作。

第 7 章　预制构件生产工艺

7.1　自动化生产线车间工艺设计

1. 自动化生产线概念

自动化生产线是指在工业生产中依靠各种机械设备，并充分利用能源和通信手段完成工业化生产，达到提高生产效率、减少生产人员数量，使工厂实现有序管理。具体到工业化预制构件自动化生产线是指各生产工序依靠专业自动化设备进行有序生产，并按照一定的生产节拍在生产线上行走，最终经过立体养护窑养护成型，从而形成完整的流水作业。如图 7.1 车间布局所示，预制楼板、外墙板、内墙板生产线都可采用自动化生产线生产。

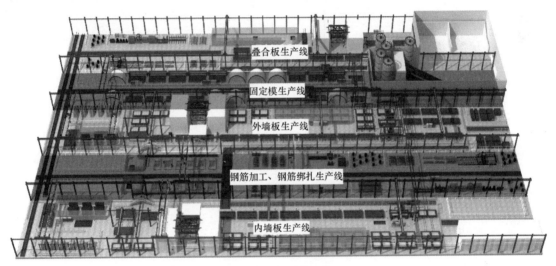

图 7.1　车间布局图

2. 全自动生产线流水节拍

生产线流水节拍是指按照工艺设计时规定的单位时间内自动化生产线完成的一次联动，如此重复，最终实现自动化生产线流水作业。为追求产能最大化，自动化生产线设计流水节拍一般为 15min。但是生产节拍并不是一成不变，需要根据自身情况作出适当调整，如工人操作熟练程度低可以将生产节拍时间延长。

生产线节拍是影响产能的最直接因素，而制约生产线节拍的因素有很多，如设备工作效率、各生产工序的工位数量、生产线工人操作熟练程度等。如条件允许的情况下，生产节拍可以调整，所以，可以通过增加或减少工序工位数量调整生产线节拍。工人操作熟练程度也可以通过培训和实际操作逐步提高从而调整生产线节拍。但是设备工作效率需要设备厂家通过设计和实践验证后逐渐提高，是一个缓慢的过程。目前，对生产线节拍影响最大的设备是码垛机（完成养护窑送入和取出模台），码垛机完成送入和取出模台一个完整工作循环时间为 12～13min（最大行程的情况下），因此，为追求产能最大化，通常将生产线节拍设计为 15min。

上述生产线是指墙板（外墙板和内墙板）自动化生产线，PC 工厂根据自身情况和市场定位也可选择单独建设预制楼板生产线，由于预制楼板厚度小，所以在保证养护时间的前提下，立体养护窑高度会比墙板生产线低，从而，码垛机完成送入和取出模台一个完整工作循环时间为 8~9min（最大行程的情况下），因此，为追求产能最大化，通常将预制楼板生产线节拍设计为 10min 是可以实现的。

3. 全自动流水线生产工艺流程设计

生产工艺流程设计是把 PC 构件生产各工序由原来传统固定式生产方式转变为依靠智能化设备实现流水式生产方式，根据生产线设计节拍，合理分配各工序工位数量，最终形成完整的全自动生产线工艺。

如图 7.2 墙板生产工艺流程图和图 7.3 预制楼板生产工艺流程图中虚框以内工序定义

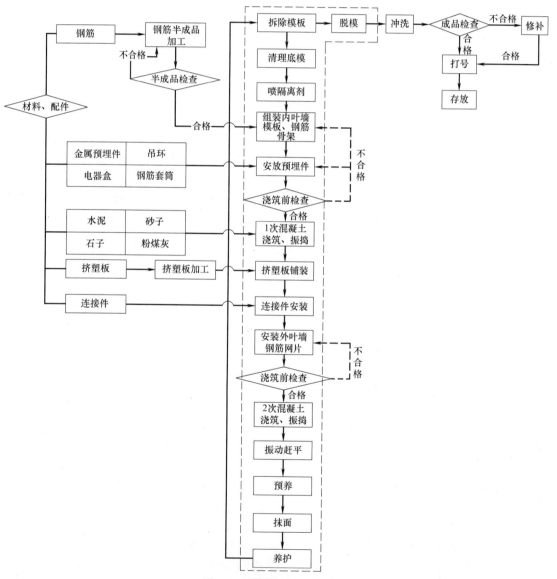

图 7.2　墙板生产工艺流程

为主要生产工序，一般在生产线上完成作业，虚框以外工序定义为辅助生产工序，一般在生产线下完成作业。这里所说的生产线工艺流程设计是指主要生产工序的设计，其他辅助工序根据工序特点和要求在物流运输合理的情况下灵活布置。图 7.4 和图 7.5 分别为外墙和内墙板生产线车间效果图。

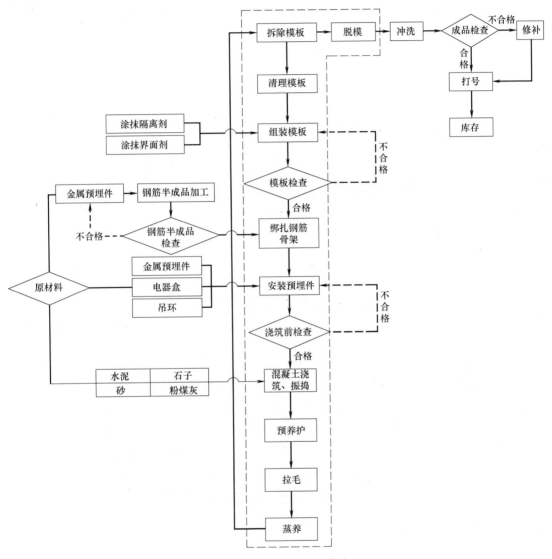

图 7.3　预制楼板生产工艺流程

当生产线节拍确定后，只需要根据实际生产经验得出各工序操作时间并确定工位数量，在结合自动化设备就可完成生产线工艺流程设计。例如生产线节拍设计为 15min，根据实际生产熟练工人拆模工序需要 40min，生产线需要设计 3 个拆模工位。

4. 全自动生产线产能计算

产能核算是计算生产线年最大产能，按照以下条件分别核算墙板生产线和预制楼板生产线设计产能。

1）墙板生产线设计节拍 15min，预制楼板生产线设计节拍 10min；

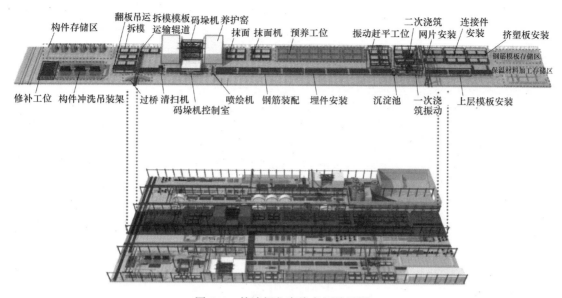

图 7.4　外墙板生产线车间效果图

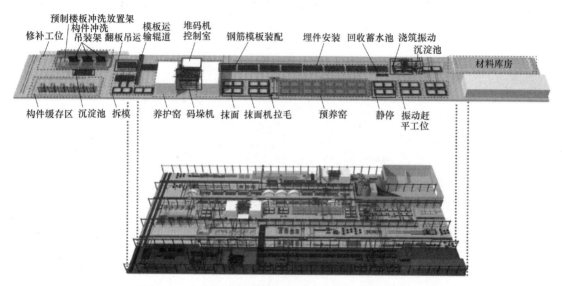

图 7.5　内墙板生产线车间效果图（可生产预制楼板）

2）模台设计尺寸 10m×3.5m，可以同时生产 2 块墙板或预制楼板，即单个节拍内完成 8 块墙板或 12 块预制楼板；

3）住宅层高按 2.9m、开间尺寸为 3.6m～4.2m，深化设计后墙板尺寸高 2.74m、长 3.4m～4.0m（取大值 4.0m）、厚 0.31m、洞口尺寸 1.8m×1.5m；预制楼板尺寸长 4.0m、宽 2.5m、厚 0.06m；

4）生产线日有效工作时长 20h、全年有效工作天数 300 天。

按照上述基本条件对生产线产能进行核算：

（1）墙板生产线：$300×20×8×(2.74×4×0.31-1.8×1.5×0.31)=12.3$（万 m³）；

（2）预制楼板生产线：$300×20×12×4×2.5×0.06=4.32$（万 m³）。

7.2 固定模台车间工艺设计

PC 工厂产品中占绝大多数的内、外墙板在全自动生产线上完成（经统计占 PC 工厂产能 96%），只有少数异型构件（指楼梯、阳台、飘窗、梁柱等剪力墙或框架体系的配套产品，由于截面尺寸大或外形不规则无法进入立体养护窑，所以不适合在生产线上制作）在固定模车间完成。图 7.6 为固定模台效果图。

但是此种生产方式比较落后且功效低、能源浪费大，所以目前针对此情况有些 PC 工厂在设计时就考虑解决这些问题。目前较好的解决方案是将原固定式生产方式改为半自动生产线方式，采用长模台依靠摆渡车行走至混凝土浇筑工位，并设计单独的养护窑供 PC 构件养护，这样不仅提升了工作效率，而且还解决了传统生产方式构件养护时能源浪费的问题。

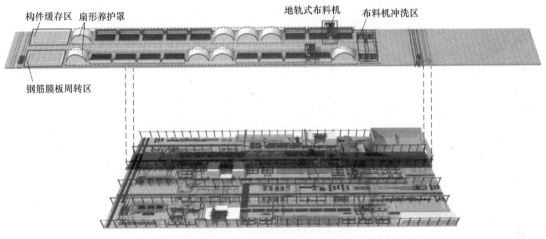

图 7.6 固定模台车间效果图

7.3 搅拌站车间工艺设计

搅拌站车间工艺设计是设计一座混凝土搅拌车间，但是与商品混凝搅拌站也有一些区别。PC 工厂需要考虑将搅拌站向生产线输送混凝土，运输距离缩短，一般会将搅拌站设计在车间内部靠近生产线的位置。如图 7.7 为搅拌站车间效果图。而外商品混凝土搅拌站设计时根据产能大小选用合适的搅拌主机，但是 PC 工厂搅拌站还需要考虑生产线的节拍、运输距离、工厂规模大小以及设计有几条自动化生产线等问题。

如设计 PC 工厂年产能为 15 万 m^3，一般会设计两条自动化生产线、生产节拍 15min。单纯考虑混凝土产量选择很小的搅拌主机就能满足要求，但是 PC 工厂需要考虑生产线的节拍和运输距离，前面数据提到 2 条自动化生产线一个生产节拍内搅拌站极限情况需要完成 10m³ 混凝土的搅拌、下料和运输。目前国内搅拌站设备厂家给出的技术参数能达到一个搅拌周期（上料、搅拌、下料）为 3min，15min 的一个生产节拍内只能搅拌 5 盘混凝土，所以每盘混凝土方量不能小于 2.0m³。理论上 120 型搅拌站（理论上每盘搅拌混凝土

2.0m³，实际达到 1.5m³ 左右）可以满足要求，但是一般建议选择 180 型搅拌站（理论上每盘搅拌混凝土 3.0m³，实际达到 2.5m³ 左右），由此可以看出搅拌站设计与商品混凝土搅拌站设计主要区别是应考虑生产节拍。

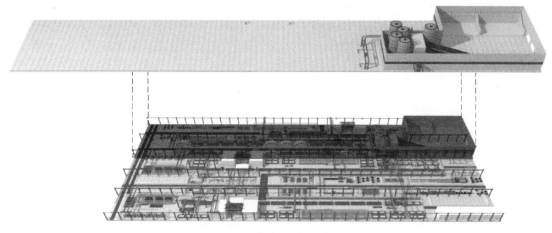

图 7.7　搅拌站车间效果图

7.4　钢筋加工车间工艺设计

钢筋加工车间的原材料基本为盘钢和直条钢，以年产 15 万 m³ PC 构件工厂为例，钢筋年加工能力不少于 150000×0.11＝16500t，钢筋日加工能力不得低于 16500/300＝55t。

根据 PC 构件的配筋结构和产能要求，主要工艺设备包括自动数控弯箍机、数控钢筋调直切断机、数控钢筋剪切生产线、数控立式钢筋弯曲机、网片焊接机、自动桁架筋焊接机，产能见表 7.1。

主要工艺设备产能　　　　　　　　　　　　　　　　表 7.1

序号	设备名称	数量	8h 产能	备注
1	自动数控弯箍机	1	6～10t	
2	数控钢筋调直切断机	1	15～20t	
3	数控钢筋剪切生产线	1	20～25t	
4	数控立式钢筋弯曲机	1	15～18t	
5	网片焊接机	1	25～35t	选择性采购
6	自动钢筋桁架焊接机	1	4000m	选择性采购

由表 7.1 综合来看，钢筋加工设备的 8 小时产能完全能满足所需要的日最小 55t 产能。

网片焊接机与桁架筋要根据自身条件选择，若当地有钢筋配送中心，可以在当地采购网片和桁架，这样可以减少钢筋加工车间的面积，有利于控制投资成本。

钢筋加工车间除满足生产需求的加工设备外，还应有足够的钢筋原材存储区、半成品存储区、运输道路，另外还要考虑物流运输方便的问题，一般将钢筋加工车间放在车间中部且临近生产线车间的一跨内。图 7.8 为钢筋加工车间效果图。

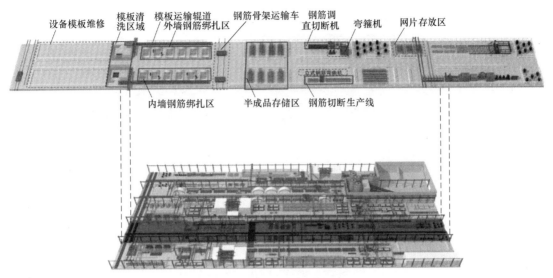

图 7.8　钢筋加工车间效果图

7.5　冲洗修补缓存区设计

根据设计要求需要对构件与现浇混凝土结合部位进行粗糙面处理，一般采用在模板上涂刷界面剂，养护后对构件进行冲洗，使结合部位达到露出骨料的效果以满足粗糙面设计要求。构件冲洗区可以采用立式冲洗或者卧式冲洗。立式冲洗生产线上的翻板机将墙板翻起至 85°，行车立吊至冲洗工位，对构件四周进行冲洗；卧式冲洗生产线上没有翻板机，冲洗区域有翻板机，将墙板平吊至冲洗工位进行冲洗。

另外冲洗区还应考虑生产线节拍，如生产线节拍为 15min，冲洗区域要留有 6~8 个构件冲洗的区域。

缓存区是构件冲洗后在车间内部设计的缓存区域，目的是防止构件养护后如直接运输至室外堆场温差过大在构件表面产生收缩裂纹，特别是在北方地区冬季施工期间缓存区显得尤为重要。按照经验构件在车间内缓存 5h 最佳，按照节拍 15min 来计算，一条生产线 5h 可以完成 40 块构件。此外，构件出养护窑之后，经过拆模、吊装、冲洗、修补一系列工序，1~2h 再吊装至缓存区，缓存区的构件存储量为 32 块。因此，构件缓存区的存储量为 24~32 块墙板即可，南北方季节差异，有适当增减。

7.6　车间内部人流物流工艺设计

PC 工厂工艺设计应做到"工序衔接合理，人流物流分开，尽量避免人流物流交叉"。要求在车间内设计参观通道、工作人员通道、运送物料通道，在人流通道上只准走人不许走物。人流通道和物流通道应平行设置，尽量避免出现交叉点。如人流物流出现交叉点需要做明显的标记。在跨越生产线的区域要架设过桥，保证人员安全通过。图 7.9、图 7.10

为规划的车间物流、人流系统。

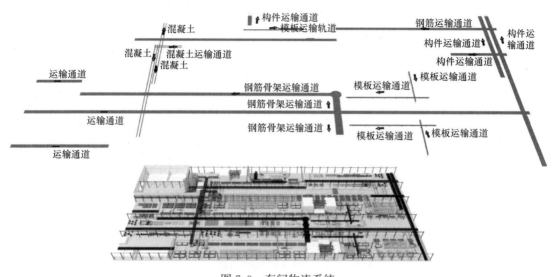

图 7.9　车间物流系统

图 7.10　车间人流系统

第8章　预制混凝土构件生产

构件制作前应审核预制构件深化设计图纸，并根据构件深化设计图纸进行模具设计，影响构件性能的变更应由原施工图设计单位确认。

预制构件制作前，应根据构件特点编制生产方案，明确各阶段质量控制要点，具体内容包括：生产计划及生产工艺、模具计划及模具方案、技术质量控制措施、成品存放、保护及运输方案等内容。必要时应进行预制构件脱模、吊运、存放、翻转及运输等相关内容的承载力、裂缝和变形验算。

预制混凝土构件生产制作需要根据预制构件形状及数量选择移动式模台或固定式模台。移动式模台生产方式充分利用机械化设备代替人工完成构件生产，如清扫机、喷油机、布料机、码垛机等，最终在立体养护窑里进行养护，所以生产效率高。但是立体养护窑受厂房高度限制，而且还要结合生产节拍留有足够多的养护仓位，所以对构件厚度会有限制。在满足上述条件下移动式模台生产的预制构件厚度最大为500mm。固定模台生产方式与传统预制构件生产没有本质区别，各工序主要依靠手工操作，所以生产效率相对较低。但是固定模台生产方式对产品种类没有限制，可以生产所有类型的预制构件。

8.1　生产工艺流程图

预制构件按照产品种类有预制外墙板、内墙板、楼板、楼梯板、阳台板、梁和柱等。无论哪种形式的预制构件生产主流程基本相同，见图8.1，包括：模具清扫与组

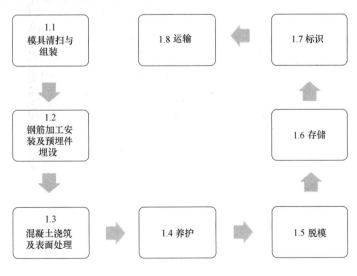

图 8.1　构件生产主流程

装、钢筋加工安装及预埋件安装、混凝土浇筑及表面处理、养护、脱模、存储、标识、运输。

图 8.2 和图 8.3 分别为墙板生产工艺流程图和预制楼板生产工艺流程图，都是在构件生产主流程的基础上结合构件本身性质增加部分工艺。图 8.2 虚线范围所示，外墙板的生产工艺增加了安装挤塑板、安装连接件生产工艺。

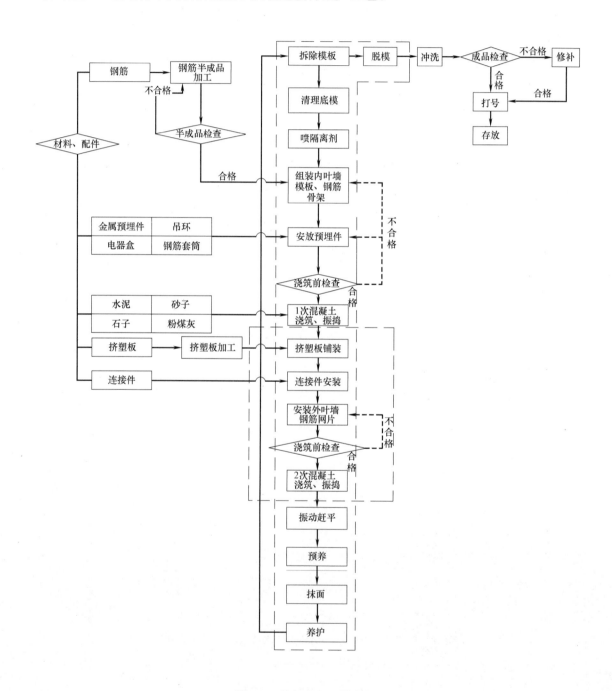

图 8.2　墙板生产工艺流程

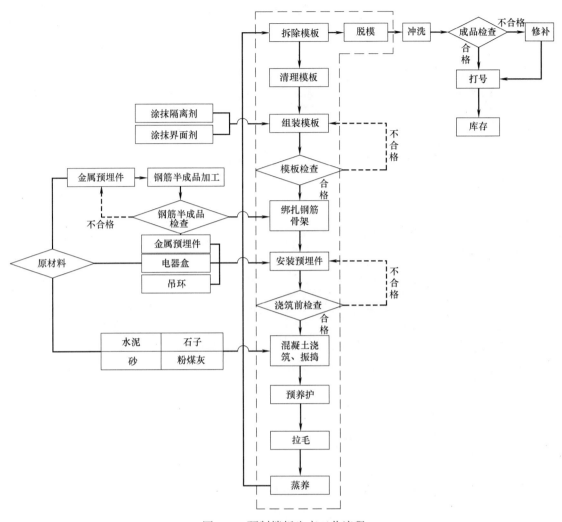

图 8.3　预制楼板生产工艺流程

8.2　生产前准备

1) 原材料、半成品和成品进厂时，应对其规格、型号、外观和质量证明文件进行检查，需要进行复检的应在复检结果合格后方可使用。

2) 混凝土原材料应按品种、数量分别存放，并应符合下列规定：

(1) 水泥和掺合料应存放在密封、干燥、防止受潮的筒仓内。不同生产企业、不同品种、不同强度等级原材料不得混仓；

(2) 砂、石应按不同品种、规格分别存放，并应有防混料、防尘和防雨措施；

(3) 外加剂应按不同生产企业、不同品种分别存放，并有防止沉淀等措施。

3) 预制构件制作前，应对各种生产机械、设施设备进行安装调试、工况检验和安全检查，确认其符合相关要求。

4) 预制构件制作前，应对相关岗位的人员进行技术操作培训。

5）预制构件制作前，应根据确定的施工组织设计文件，编制下列生产计划文件：

（1）生产工艺及构件生产总体计划；

（2）模具方案及模具计划；

（3）原材料、构配件进厂计划；

（4）构件生产计划；

（5）物流管理计划。

8.3　模具清扫与组装

1. 底模清扫

图 8.4　底模清扫

驱动装置驱动底模至清理工位见图8.4，清扫机大件挡板挡住大块的混凝土土块，防止大块混凝土进入清理机内部损坏设备。立式旋清电机组对底面进行精细清理，把附着在底板表面的小块混凝土残余清理干净。风刀对底模表面进行最终清理，清洗机底部废料，回收箱收集清理的混凝土废渣，并输送到车间外部存放处理，模具清理需要人工进行清理。

2. 模具清理

1）用钢丝球或刮板将内腔残留混凝土及其他杂物清理干净，使用压缩空气将模具内腔吹干净，以用手擦拭手上无浮灰为准。

2）所有模具拼接处均用刮板清理干净，保证无杂物残留。确保组模时无尺寸偏差。

3）清理模具各基准面边沿，以保证抹面时厚度要求。

4）清理模具工装，保证工装无残留混凝土。

5）清理模具外腔，并涂油保养。

6）清理下来的混凝土残灰要及时收集到指定的垃圾筒内。

3. 组模

1）组模前检查清模是否到位，如发现模具清理不干净，不得进行组模。

2）组模时应仔细检查模板是否有损坏、缺件现象，损坏、缺件的模板应及时维修或者更换。

3）选择正确型号侧板进行拼装，拼装时不许漏放紧固螺栓或磁盒。在拼接部位要粘贴密封胶条，密封胶条粘贴要平直，无间断，无褶皱，胶条不应在构件转角处搭接。

4）各部位螺丝校紧，模具拼接部位不得有间隙，确保模具所有尺寸偏差控制在误差范围以内

4. 涂刷界面剂

1）需涂刷界面剂的模具应在绑扎钢筋笼之前涂刷，严禁界面剂涂刷到钢筋笼上。

2）界面剂涂刷之前保证模具必须干净，无浮灰。

3）界面剂涂刷工具为毛刷，严禁使用其他工具。

4）涂刷界面剂必须涂刷均匀，严禁有流淌、堆积的现象。涂刷完的模具要求涂刷面水平向上放置，20min 后方可使用。

5）涂刷厚度不少于 2mm，且需涂刷 2 次，2 次涂刷时间的间隔不少于 20min。

5. 隔离剂

隔离剂可以采用涂刷或者喷涂方式，见图 8.5。

1）涂刷隔离剂：

（1）涂刷隔离剂前检查模具清理是否干净。

（2）隔离剂必须采用水性隔离剂，且需时刻保证抹布（或海绵）及隔离剂干净无污染。

（3）用干净抹布蘸取隔离剂，拧至不自然下滴为宜，均匀涂抹在底模和模具内腔，保证无漏涂。

（4）涂刷隔离剂后的模具表面不准有明显痕迹。

2）喷涂隔离剂：

驱动装置驱动底模至刷隔离剂工位，喷油机的喷油管对底模表面进行隔离剂喷洒，抹光器对底模表面进行扫抹，使隔离剂均匀地涂在底板表面。喷涂机采用高压超细雾化喷嘴，实现可均匀喷涂隔离剂，隔离剂厚度、喷涂范围可以通过调整喷嘴的参与作业的数量、喷涂角度及模台运行速度来调整。

6. 自动划线

用 CAD 绘制需要制做构件的实际尺寸图形（包括模板的尺寸及模板在模台上的相对位置），再通过专用图形转换软件，把 CAD 文件转为划线机可识读的文件，直接传送到划线机的主机上，划线机械手就可以根据预先编好的程序，完成模板安装及预埋件安装的位置线。作业人员根据此线能准确可靠地安装好模板和预埋件。整个划线过程不需要人工干预，全部由机器自动完成，所划线条粗细可调，划线速度可调，在一个模台上，同时生产多个预制构件，可以在编程时，对布局进行优化，提高模台的使用效率，见图 8.6。

图 8.5　喷隔离剂　　　　　　　　　　　　　　图 8.6　划线

7. 组模

驱动装置将完成划线工序的底模驱动至模具组装工位，模板内表面要手工刷涂界面剂；同时，绑扎完毕的钢筋笼也吊运到此工位，作业人员在模台上进行钢筋笼安装及模板组模作业，模板在模台上的位置以预先画好的线条为基准进行调整，并进行尺寸校核，确

图 8.7　组模

保组模后的位置准确。行车将模具连同钢筋骨架吊运至组模工位，以划线位置为基准控制线安装模具（含门、窗洞口模具）。模具（含门、窗洞口模具）、钢筋骨架对照划线位置微调整，控制模具组装尺寸。模具与底模紧固，下边模和底模用紧固螺栓连接固定，上边模靠花篮螺栓连接固定。模具与底模紧固，左右侧模和窗口模具采用磁盒固定，见图 8.7。

8.4　钢筋加工及安装、预埋件等附属品的埋设

1. 钢筋调直

1) 采用钢筋调直机调直冷拔钢丝和细钢筋时，要根据钢筋的直径选用调直模和传送压辊，并要正确掌握调直模的偏移量和压辊的压紧程度。

2) 调直模的偏移量，根据其磨耗程度及钢筋品种通过试验确定；调直筒两端的调直模一定要在调直前后导孔的轴心线上，这是钢筋能否调直的一个关键。

3) 压辊的槽宽，一般在钢筋穿入压辊之后，在上下压辊间宜有 3mm 之内的间隙。压辊的压紧程度要做到既保证钢筋能顺利地被牵引前进，看不出钢筋有明显的转动，而在被切断的瞬时钢筋和压辊间又能允许发生打滑。

采用冷拉方法调直钢筋时，HPB300 级钢筋的冷拉率不宜大于 4％，HRB335 级、HRB400 级及 RRB400 级冷拉率不宜大于 1％。

2. 钢筋剪切

1) 钢材进厂前必须进行检验，合格后根据施工图纸进行加工；

2) 剪切成型的钢材尺寸偏差不得超过±5mm，保证成型钢材平直，不得有毛槎；

3) 剪切后的半成品料要按照型号整齐地摆放到指定位置；

4) 剪切后的半成品料要进行自检，如超过误差标准严禁放到料架上。

3. 钢筋半成品加工

1) 钢筋的除锈方法宜采用除锈机、风砂枪等机械除锈，当钢筋数量较少时，可采用人工除锈。除锈后的钢筋不宜长期存放，应尽快使用。

2) 钢筋的表面应洁净，使用前应将表面油渍、漆污、锈皮、鳞锈等清除干净，但对钢筋表面的水锈和色锈可不做专门处理。在钢筋清污除锈过程中或除锈后，当发现钢筋表面有严重锈蚀、麻坑、斑点等现象时，应经鉴定后视损伤情况确定降级使用或剔除不用。

3) 钢筋焊接前须消除焊接部位的铁锈、水锈和油污等，钢筋端部的扭曲处应矫直或切除。施焊后焊缝表面应平整，不得有烧伤、裂纹等缺陷。

4) 钢筋调直应符合现行国家标准《混凝土结构工程施工质量验收规范》GB 50204 的有关规定。钢筋调直宜采用机械方法，也可采用冷拉方法。当采用冷拉方法调直钢筋时，HPB300 级钢筋的冷拉伸长率不宜大于 4％，HRB400 级钢筋的冷拉率不宜大于 1％。

5) 钢筋下料长度的计算

下料长度＝外包尺寸－量度差＋端部弯钩增值；

直线钢筋下料长度＝构件长度－保护层厚度＋钢筋弯钩增加长度；

弯起钢筋下料长度＝直段长度＋斜段长度－量度差值＋弯钩增加长度；

箍筋下料长度＝直段长度＋弯钩增加长度－量度差值。

钢筋弯曲调整值、钢筋弯钩增加长度详见表 8.1 及表 8.2 的要求。

钢筋弯曲调整值

表 8.1

钢筋弯曲角度	30°	45°	60°	90°	135°
钢筋弯曲调整值	$0.3d$	$0.5d$	$1d$	$2d$	$3d$

注：d 为钢筋直径。

钢筋弯钩增加长度

表 8.2

钢筋弯钩角度	90°	135°	180°
钢筋弯钩增加长度	$0.3d+5d$	$0.7d+10d$	$4.25d$

注：D 为弯钩的弯曲直径，应大于受力钢筋直径，d 为钢筋直径。90°为无抗震要求箍筋弯钩增加长度，135°为抗震要求箍筋弯钩增长长度。

6）受力钢筋的弯钩弯折

HPB300 级钢筋末端应作 180°弯钩，其弯弧内直径不应小于钢筋直径的 2.5 倍，弯钩的弯后平直部分长度不应小于钢筋直径的 3 倍；当设计要求钢筋末端需要做 135°弯钩时，HRB335 级、HRB400 级钢筋弯弧内直径不小于钢筋直径的 4 倍，弯钩后的平直部分长度应符合设计要求；钢筋作不大于 90°弯折时，弯折处的弯弧内直径不应小于钢筋直径的 5 倍，详见图 8.8。

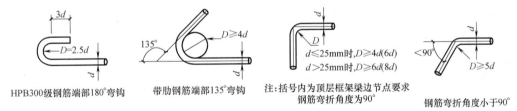

HPB300级钢筋端部180°弯钩　　带肋钢筋端部135°弯钩　　注：括号内为顶层框架梁边节点要求钢筋弯折角度为90°　　钢筋弯折角度小于90°

$d \leqslant 25mm$ 时，$D \geqslant 4d(6d)$
$d > 25mm$ 时，$D \geqslant 6d(8d)$

图 8.8　纵向钢筋端部弯钩和弯折要求

7）除焊接封闭环式箍筋外，箍筋的末端应作弯钩，弯钩的形式应符合设计要求，当设计无要求时应符合下列规定：

箍筋、拉筋弯钩的弯弧内直径除应符合本标准的有关规定外，尚应不小于受力钢筋直径；箍筋、拉筋弯钩的弯折角度：对于一般结构不应小于 90°，对于有抗震等级要求的应为 135°；箍筋、拉筋弯后平直部分长度：对于一般结构不宜小于钢筋直径的 5 倍，对于有抗震等级要求的不应小于箍筋、拉筋直径的 10 倍和 75mm 的最大值。

4. 钢筋套丝加工

1）对端部不直的钢筋要预先调直，切口的端面应与轴线垂直，不得有马蹄形或挠曲，因此刀片式切断机和氧气吹割都无法满足加工精度要求，通常只有采用砂轮切割机，按配料长度逐根进行切割。

2）加工丝头时，应采用水溶性切削液，当气温低于 0℃时，应掺入 15%～20%亚硝酸钠。严禁用机油作切削液或不加切削液加工丝头。

3）操作工人应按下表的要求检查丝头的加工质量，每加工 10 个丝头用通止环规检查一次。钢筋丝头质量检验的方法及要求应满足表 8.3 的规定。

钢筋套丝加工允许偏差表（mm）　　　　　　　　　表 8.3

序号	检验项目	量具名称	检验要求
1	螺纹牙型	目测、卡尺	牙型完整，螺纹大径低于中径的不完整丝扣累计长度不得超过两螺纹周长
2	丝头长度	卡尺、专用量规	拧紧后钢筋在套筒外露丝扣长度应大于 0 扣，且不超过 1 扣
3	螺纹直径	螺纹环规	检查工件时，合格的工件应当能通过通端而不能通过止端，即螺纹完全旋入环通规，而旋入环止规不超过 2P，及判定螺纹尺寸合格

4）连接钢筋时，钢筋规格和套筒的规格必须一致，钢筋和套筒的丝扣应干净、完好无损。

5）采用预埋接头时，连接套筒的位置、规格和数量应符合设计要求。带连接套筒的钢筋应固定牢，连接套筒的外露端应有保护盖。

6）滚压直螺纹接头应使用管钳和力矩扳手进行施工，将两个钢筋丝头在套筒中间位置相互顶紧，接头拧紧力矩应符合表 8.4 的规定。力矩扳手的精度为 ±5%。

直螺纹接头安装时的最小拧紧扭矩值　　　　　　　表 8.4

钢筋直径(mm)	≤16	18~20	22~25	28~32	36~40
拧紧扭矩(N·m)	100	200	260	320	360

7）经拧紧后的滚压直螺纹接头应随手刷上红漆以作标识，单边外露丝扣长度不应超过 1 扣。

8）根据抗拉强度以及高应力和大变形条件下反复拉压性能的差异，接头应分为下列三个接头等级：

Ⅰ级接头：接头抗拉强度不小于被连接钢筋的实际抗拉强度或 1.1 倍钢筋抗拉强度标准值并具有高延性及反复拉压性能。

Ⅱ级接头：接头抗拉强度不小于被连接钢筋抗拉强度标准值，并具有高延性及反复拉压性能。

Ⅲ级接头：接头抗拉强度不小于被连接钢筋屈服强度标准值的 1.35 倍，并具有一定的延性及反复拉压性能。

5. 钢筋骨架制作

1）绑扎或焊接钢筋骨架前应仔细核对钢筋料尺寸及设计图纸；

2）保证所有水平分布筋、箍筋及纵筋保护层厚度、外露纵筋和箍筋的尺寸、箍筋、水平分布筋和纵向钢筋的间距；

3）边缘构件范围内的纵向钢筋依次穿过的箍筋，从上往下箍筋要与主筋垂直，箍筋转角与主筋交点处采用兜扣法全数绑扎。主筋与箍筋非转角的相交点成梅花式交错绑扎，绑丝要相互成八字形绑扎，绑丝接头应伸向柱中，箍筋 135° 弯勾水平平直部分满足 10d 要求。最后绑扎拉筋，拉筋应勾住主筋。箍筋弯钩叠合处沿柱子竖筋交错布置，并绑扎牢固。边缘构件底部箍筋与纵向钢筋绑扎间距按要求加密，详见图 8.9 兜扣和八字扣绑扎。

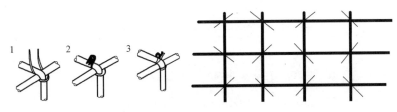

图 8.9　兜扣和八字扣绑扎

4）竖向分布钢筋在内的规定进行绑扎，墙体水平分布筋、纵向分布筋的每个绑扎点采用两根绑丝，剪力墙身拉筋要求按照图 8.10 双向拉筋与梅花双向拉筋布置，参见 16G101-1 图集。

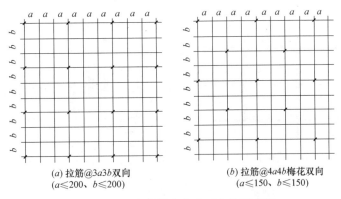

(a) 拉筋@3a3b双向
(a≤200、b≤200)

(b) 拉筋@4a4b梅花双向
(a≤150、b≤150)

图 8.10　双向拉筋与梅花双向拉筋布置

5）电气线盒预埋位置下部需预留线路连接槽口，此处墙板钢筋做法见图 8.11。

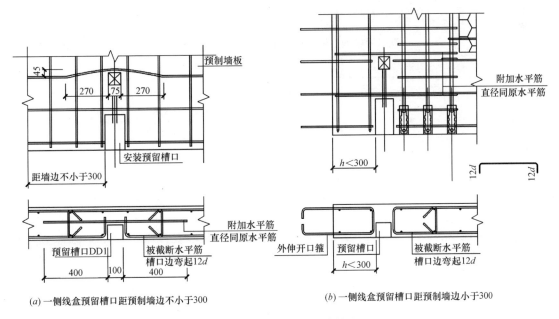

(a) 一侧线盒预留槽口距预制墙边不小于300

(b) 一侧线盒预留槽口距预制墙边小于300

图 8.11　电器盒预留槽口钢筋做法（一）

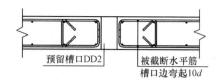

(c) 两侧线盒预留槽口距预制墙边不小于300

图 8.11　电器盒预留槽口钢筋做法（二）

6）绑扎板筋时一般用顺扣或八字扣，钢筋每个交叉点均要绑扎，并且绑扎牢固不得松扣。叠合板吊环要穿过桁架钢筋，绑扎在指定位置，详见图 8.12。

7）叠合板中遇到不大于 300mm 的洞口时，钢筋构造见图 8.13。

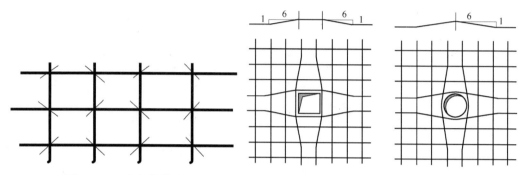

图 8.12　八字扣绑扎法　　　图 8.13　矩形洞或圆形洞不大于 300mm 时钢筋构造

8）楼梯段绑扎要保证主筋、分布筋之间钢筋间距，保护层厚度。先绑扎主筋后绑扎分布筋，每个交点均应绑扎，如有楼梯梁筋时，先绑扎梁筋后绑扎板筋，板筋要锚固到梁内，底板筋绑完，在绑扎梯板负筋。

9）所有预制构件吊环埋入混凝土的深度不应小于 $30d$。

10）钢筋骨架制作偏差应满足表 8.5 的要求。

钢筋网或钢筋骨架尺寸和安装位置偏差（mm）　　　　　表 8.5

项次	检验项目及内容		允许偏差	检验方法
1	绑扎钢筋网片	长、宽	±5	钢尺检查
		网眼尺寸	±10	钢尺量连续三档，取最大值
2	焊接钢筋网片	长、宽	±5	钢尺检查
		网眼尺寸	±10	尺量连续三档，取偏差最大值
		对角线差	5	钢尺检查
		端头不齐	5	
3	钢筋骨架	长	0，−5	钢尺检查
		宽	±5	
		高（厚）	±5	
		主筋间距	±10	钢尺量两端、中间各一点，取最大值
		主筋排距	±5	
		箍筋间距	±10	钢尺量连续三档，取最大值

续表

项次	检验项目及内容		允许偏差	检验方法
3	钢筋骨架	钢筋弯起点位置	15	钢尺检查
		端头不齐	5	
4	保护层厚度	柱、梁	±5	钢尺检查
		板、墙	±3	

6. 保温板半成品加工

1）保温板切割应按照构件的外形尺寸精准的下料。

2）所有通过保温板的预留孔洞均要在挤塑板加工时，留出相应的预留孔位。

保温板半成品加工要满足表8.6的规定。

保温板半成品加工尺寸要求   表8.6

项目	尺寸要求	检查方法
保温板拼块尺寸	±2mm	钢尺检查
预留孔洞尺寸	中心线±3mm，孔洞大小 0～+5mm	钢尺检查

7. 钢筋网片、骨架入模及埋件安装

1）钢筋网片、骨架经检查合格后，吊入模具并调整好位置，垫好保护层垫块。

2）检查外露钢筋尺寸和位置。

3）安装钢筋连接套筒和进出浆管，并用固定装置将套筒固定模具上。

4）用工装保证预埋件及电器盒位置，将工装固定在模具上。

8. 预埋件安装

驱动装置将完成模具组装工序的底模驱动至预埋件安装工位，按照图纸的要求，将连接套筒固定在模板及钢筋笼上；利用磁性底座将套筒软管固定在模台表面；将简易工装连同预埋件（主要指斜支撑固定埋件、固定现浇混凝土模板埋件）安装在模具上，利用磁性底座将预埋件与底模固定并安装锚筋，完成后拆除简易工装；安装水电盒、穿线管、门窗口防腐木块等预埋件，见图8.14。固定在模具上的套筒、螺栓、预埋件和预留孔洞应按构件模板图进行配置，且应安装牢固，不得遗漏，允许偏差及检验方法应满足表8.7的规定。

图8.14 预埋件安装

预留和预埋质量要求和允许偏差及检验方法　　　表 8.7

项目		允许偏差（mm）	检验方法
钢筋连接套筒	中心线位置	1	用尺量
	安装垂直度	3	拉水平线、竖直线测量两端差值
	套筒注入、排出口的堵塞		目视
插筋	中心线位置	1	用尺量
	外露长度	+5,0	用尺量
螺栓	中心线位置	2	用尺量
	外露长度	+5,0	
预埋钢板	中心线位置	3	用尺量
预留孔洞	中心线位置	3	用尺量
	尺寸	+3,0	
连接件	中心线位置	3	用尺量
其他需要先安装的部件	安装状况：种类、数量、位置、固定状况		与构件制作图对照及目视

注：1. 钢筋连接套筒除应满足上述指标外，尚应符合套筒厂家规定的允许误差值。
　　2. 检查中心线位置和孔洞尺寸偏差时，沿纵横两个方向测量，并取其中偏差较大值。

8.5　混凝土浇筑及表面处理

1. 混凝土一次浇筑及振捣

图 8.15　混凝土一次浇筑及振捣

驱动装置将完成套筒和预埋件安装工序的底模驱动至振动平台并锁紧底模，中央控制室控制搅拌站开始搅拌混凝土，完成搅拌后装入混凝土运输小车，小车通过空中轨道运行至布料机上方并向布料机投料，布料机扫描到基准点开始自动布料，布料完成后振动平台开始工作至混凝土表面无明显气泡时停止工作并松开底模，见图 8.15。

1）浇筑前检查混凝土坍落度是否符合要求，过大或过小不允许使用，且要料时不准超过理论用量的 2%。

2）浇筑振捣时尽量避开埋件处，以免碰偏埋件。

3）采用人工振捣方式，振捣至混凝土表面无明显气泡溢出，保证混凝土表面水平，无突出石子。

4）浇筑时控制混凝土厚度，在达到设计要求时停止下料。

5）工具使用后清理干净，整齐放入指定工具箱内。

6）及时清扫作业区域，垃圾放入垃圾桶内。

7）如遇特殊情况（如混凝土的坍落度过大或者过小等）应及时处理。

2. 挤塑板及连接件安装

驱动装置驱动完成混凝土 1 次浇筑和振捣工序的底模至挤塑板安装工位，将加工好的挤塑板按布置图中的编号依次安放好，使挤塑板与混凝土充分接触、连接紧密，挤塑板安装见图 8.16。

1）安装

驱动装置驱动完成外叶墙钢筋网片安装工序的底模驱动至连接件安装工位，将连接件从挤塑板预先加工好的通孔插入到混凝土中，确保混凝土对连接件握裹严实，连接件的数量及位置根据图纸要求，保证位置的偏差在要求的范围内，连接件安装见图 8.17。

图 8.16　挤塑板安装

图 8.17　连接件安装

2）挤塑板及连接件安装控制要点

（1）按图纸尺寸用电锯切割挤塑板，保证切口平整，尺寸准确。

（2）挤塑板应按照图纸要求使用专用工具进行打孔。

（3）连接件与孔之间的空隙使用发泡胶封堵严实。

（4）保证在混凝土初凝前完成安装挤塑板，使挤塑板与混凝土粘贴牢固。

（5）挤塑板安装完成后检查整体平整度，有凹凸不平的地方需及时处理。

（6）拼装时不允许错台，外叶墙与挤塑板的总厚度不允许超过侧模高度。

（7）在预留孔处安装连接件，保证安装后的连接件竖直、插到位。

（8）连接件安装完成后再次整体振捣，以保证连接件与混凝土锚固牢固。

（9）挤塑板找平或调整位置时，使用橡胶锤敲打，如有需要站在挤塑板作业的时候，必须戴鞋套，避免弄脏挤塑板。

3. 外叶墙钢筋网片安装

驱动装置驱动完成挤塑板安装工序的底模驱动至安装外叶墙钢筋网片工位，见图 8.18。

4. 混凝土二次浇筑及振捣

驱动装置将完成连接件安装工序的底模驱动至振动平台并锁紧底模，中央控制室控制搅拌站开始搅拌混凝土，完成搅拌后装入混凝土运输小车，小车通过空中轨道运行至布料机上方并向布料机投料，布料机扫描到基准点开始自动布料，采用振捣棒进行人工振捣至混凝土表面无明显汽

图 8.18　安装外叶墙钢筋网片

包后松开底模，见图 8.19。

5. 赶平

驱动装置将完成混凝土二次浇筑及振捣工序的底模驱动至赶平工位，振动赶平机开始工作，振捣赶平机对混凝土表面进行振捣，在振捣的同时对混凝土表面进行刮平；根据表面的质量及平整度等状况调整振捣刮平机，见图 8.20。

图 8.19　混凝土二次浇筑及振捣　　　　　　　　图 8.20　赶平

8.6　预制构件养护

1. 预养

驱动装置将完成赶平工序的底模驱动至预养窑，通过蒸汽管道散发的热量对混凝土进行蒸养获得初始混凝土强度以及达到构件表面搓平压光的要求。预养护采用干蒸的方式，见图 8.21，利用蒸汽管道散发的热量获得所需的窑内温度；窑内温度实现自动监控、蒸汽通断自动控制，窑内温度控制 30～35℃ 范围内，最高温度不超过 40℃。

2. 抹面

1）机械抹面

驱动装置将完成预养工序的底模驱动至抹面工位，抹面机开始工作，确保平整度及光洁度符合构件质量要求。机械式抹面详见图 8.22。

图 8.21　预养　　　　　　　　　　　　　图 8.22　抹面

2）人工混凝土抹面

（1）先使用刮杠将混凝土表面刮平，确保混凝土厚度不超出模具上沿。

（2）用塑料抹子粗抹，做到表面基本平整，无外漏石子，外表面无凹凸现象，四周侧板的上沿（基准面）要清理干净，避免边沿超厚或有毛边。此步完成之后需静停不少于1h 的时间再进行下次抹面。

（3）将所有埋件的工装拆掉，并及时清理干净，整齐地摆放到指定位置，锥形套留置在混凝土，并用泡沫棒将锥形套孔封严，保证锥形套上表面与混凝土表面平齐。

（4）使用铁抹子找平，特别注意埋件、线盒及外露线管四周的平整度，边沿的混凝土如果高出模具上沿要及时压平，保证边沿不超厚并无毛边，此道工序需将表面平整度控制在 3mm 以内，此步完成需静停 2h。

（5）使用铁抹子对混凝土上表面进行压光，保证表面无裂纹、无气泡、无杂质、无杂物，表面平整光洁，不允许有凹凸现象。此步应使用靠尺边测量边找平，保证上表面平整在 3mm 以内。

3. 构件养护

驱动装置将完成抹面工序的底模驱动至堆码机，堆码机将底模连同预制构件输送至养护单元内，在蒸养 8～10h 后，再由堆码机将平台从蒸养窑内取出将其送入生产线，进入到下一道工序。立体蒸养采用蒸汽湿热蒸养方式，利用蒸汽管道散发的热量及直接通入窑内的蒸汽获得所需的温度及湿度；温度及湿度自动监控，温度及湿度变化全自动控制，蒸养温度最高不超过 60℃，确保升温及降温的速度符合要求，同时确保蒸养窑内各点温度均匀，见图 8.23。

图 8.23 构件养护

1）抹面之后、蒸养之前需静停，静停时间以用手按压无压痕为标准。

2）用干净塑料布覆盖混凝土表面，再用帆布将墙板模具整体盖住，保证气密性，之后方可通蒸汽进行蒸养。

3）蒸养时控制最高温度不高于 60℃，升温速度 15℃/h，恒温时间不小于 6h，降温速度 10℃/h。

4）同一批蒸养的构件每小时进行一次温度测量。

8.7 预制构件脱模和起吊

1. 拆模

码垛机将完成养护工序的构件连同底模从养护窑里取出，并送入拆模工位，用专用工具松开模板紧固螺栓、磁盒等，利用起重机完成模板输送，并对边模和门窗口模板进行清理，见图 8.24。

1）拆模之前需做同条件试块的抗压试验，试验结果达到 20MPa 以上方可拆模。

图 8.24 拆模

2）用电动扳手拆卸侧模的紧固螺栓，打开磁盒磁性开关后将磁盒拆卸，确保都拆卸完全后将边模平行向外移出，防止边模在此过程中变形。

3）将拆下的边模由两人抬起轻放到边模清扫区，并送至钢筋骨架绑扎区域。

4）拆卸下来的所有工装、螺栓、各种零件等必须放到指定位置。

5）模具拆卸完毕后，将底模周围的卫生打扫干净。

2. 脱模

1）在混凝土达到 20MPa 后方可脱模。

2）起吊之前，检查吊具及钢丝绳是否存在安全隐患，如有问题不允许使用。

3）检查吊点、吊耳及起吊用的工装等是否存在安全隐患（尤其是焊接位置是否存在裂缝）。吊耳工装上的螺栓要拧紧。

4）检查完毕后，将吊具与构件吊环连接固定，起吊指挥人员要与吊车配合好，保证构件平稳，不允许发生磕碰。

5）起吊后的构件放到指定的构件冲洗区域，下方垫 300mm×300mm 木方，保证构件平稳，不允许磕碰。

6）起吊工具、工装、钢丝绳等使用过后要存放到指定位置，妥善保管。

3. 翻转起吊

驱动装置驱动预制构件连同底模至翻转工位，底模平稳后液压缸将底模缓慢顶起，最后通过行车将构件运至成品运输小车，见图 8.25 和图 8.26。

图 8.25 翻转

图 8.26 起吊

8.8 预制构件标识及使用说明

1）预制构件检验合格后，应立即在其表面显著位置，按构件制作图编号对构件进行喷涂标识。标识应包括构件编号、重量、使用部位、生产厂家、生产日期（批次）字样。

构件生产单位应根据不同构件类型，提供预制构件运输、存放、吊装全过程技术要求和安装使用说明书。

2）预制构件检验合格出厂前，应在构件表面粘贴产品合格证（准用证），合格证（准用证）应包括下列内容：

（1）合格证编号；

（2）构件编号；

（3）构件类型；

（4）重量信息；

（5）材料信息；

（6）生产企业名称、生产日期、出厂日期；

（7）检验员签名或盖章（构件厂、监理单位）。

第9章　预制混凝土构件质量控制

9.1　预制构件厂质量管理组织架构

企业总经理对产品质量负主要责任，由主管质量的副总负责具体的质量管理工作，质检部经理负责落实及监督质量管理工作，质检部与生产部配合主管副总做好质量管理工作，质量主管、试验室主管与生产部主管负责具体工作，预制构件厂质量管理组织构架见图9.1。

全员参与质量管理工作与质量提升工作，提高一线工人的质量意识，强化技术工人的职业技能，细化生产过程中的质量控制，严格执行质量管理流程及质量标准。进一步增强质量意识，优化生产流程，切实有效保证产品质量。优化产品的生产工艺，提高生产效率。提高技术人员的技术能力，提高整体工艺水平。

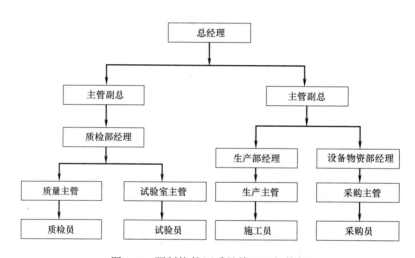

图9.1　预制构件厂质量管理组织构架

9.2　预制构件生产材料质量控制

1. 生产材料质量控制一般规定

1）原材料、设备及相关物资采购合同的技术要求必须符合质量标准（国家标准或企业标准）。

2）质检部制定大宗原材料的技术要求及进厂检验标准，设备物质部制定设备进厂检验标准，生产部制定生产辅料等进厂检验标准。

3）质检部对进厂的大宗原材料按照国家标准或企业标准要求进行检验，并做好检验记录，检验合格后方可使用。

4）设备物质部对进厂的设备、备品备件等按照相关标准进行检验，并做好检验记录，检验合格后方可使用。

5）生产部对进厂的生产辅料等按照相关标准进行检验，并做好检验记录，检验合格后方可使用。

6）如出现进厂的原材料、设备、备品备件、生产辅料经检验不符合要求，设备物资部可依据让步接收标准进行让步接收或进行退厂处理。

2. 生产材料的质量控制流程

1）原材料进厂卸车之前，由设备物资部相关人员负责通知试验室对新进厂的原材料进行检验。

2）试验室应及时安排相关人员根据相关国标和《原材料检验工作标准》要求进行取样及检验；若夜间进货，而试验室无相关人员可以检验，则在第二日及时安排相关人员进行取样及检验。

3）白天有原材料进厂的情况，试验室应在 2h 内完成所有相关检验工作，并编写原材料进厂检验报告；晚上有原材料进厂的情况，设备物资部相关人员应对原材料外观进行基本检查，并于第二日及时通知试验室相关人员进行原材料检验。

4）试验室相关人员应在检验完毕后，及时将编写好的《原材料进厂检验报告》（一式两份）其中一份递交设备物资部相关负责人，若发现其指标不符合企业内控要求、采购文件或者采购合同的规定时，应做好记录，做好标识并通知设备物资部。

5）设备物资部相关负责人应严格根据《原材料进厂检验报告》及试验室对原材料的处理意见，及时对新进厂的原材料采取相应的处理。

6）对已进厂但不合格品，应杜绝投入生产，由设备物资部负责通知供方，要求其改正，情况严重的应停止该供方供货。

7）试验室需对所有进厂原材料按照每批次或每编号至少抽样检验一次的频率进行检验，并将相对应的《原材料进厂检验报告》进行归档保存。

9.3　预制构件生产过程质量控制

1）依据产品质量内控标准，每天对产品的每道生产工序进行检验，做好相关记录。

2）对不合格工序下达整改通知单，在未形成质量事故前及时整改，质检部下达整改通知单，生产部负责整改。

3）质量记录、档案、资料、报表管理及上报的要求：

（1）按照企业要求，做好质量技术文件的档案管理工作。原始记录和台账使用统一的表式，各项检验要有完整的原始记录和分类台账，并按月装订成册，由专人保管，按期存技术档案室。原始记录保存期为三年。台账应长期保存。

（2）各项检验原始记录和分类台账的填写必须清晰、完整，不得任意涂改。当笔误时，须在笔误数据中央划两横杠，在其上方书写更改后的数据并加盖修改人印章，涉及出厂产品的检验记录的更正应有质量主管签字或盖章。

（3）对质量检验数据要及时整理和统计，每月有月统计报表和月统计分析总结，全年应有年统计报表和年统计质量总结。

（4）构件生产时应制定措施避免出现预制构件的外观质量缺陷；预制构件的外观质量缺陷根据其影响预制构件的结构性能和使用功能的严重程度，可按表 9.1 规定划分严重缺陷和一般缺陷。

预制构件外观质量缺陷 表 9.1

项目	现　象	严　重　缺　陷	一　般　缺　陷
露筋	构件内钢筋未被混凝土完全包裹而外露	纵向受力钢筋有露筋	其他钢筋有少量露筋
蜂窝	混凝土表面缺少水泥砂浆而形成石子外露	构件主要受力部位有蜂窝	其他部位有少量蜂窝
孔洞	混凝土中孔穴深度和长度均超过保护层厚度	构件主要受力部位有孔洞	其他部位有少量孔洞
夹渣	混凝土中夹有杂物且深度超过保护层厚度	构件主要受力部位有夹渣	其他部位有少量夹渣
疏松	混凝土中局部不密实	构件主要受力部位有疏松	其他部位有少量疏松
裂缝	缝隙从混凝土表面延伸至混凝土内部	构件主要受力部位有影响结构性能或使用功能的裂缝	其他部位有少量不影响结构性能或使用功能的裂缝
连接部位缺陷	构件连接处混凝土缺陷及连接钢筋、连接件松动，插筋严重锈蚀、弯曲，灌浆套筒堵塞、偏位，灌浆空洞堵塞、偏位、破损等缺陷	连接部位有影响结构传力性能的缺陷	连接部位有基本不影响结构传力性能的缺陷
外形缺陷	缺棱掉角、棱角不直、翘曲不平、飞出凸肋等，装饰面砖粘结不牢、表面不平、砖缝不顺直	清水或具有装饰的混凝土构件内有影响使用功能或装饰效果的外形缺陷	其他混凝土构件有不影响使用功能的外形缺陷
外表缺陷	构件表面麻面、起砂、掉皮、沾污等	具有重要装饰效果的清水混凝土构件有外表缺陷	其他混凝土构件有不影响使用功能的外表缺陷
破损	由于运输、存放中出现磕碰导致构件表面混凝土破碎、掉块等	构件主要受力部位有影响结构性能、使用功能的破损；影响钢筋、连接件、预埋件锚固的破损	其他部位有少量不影响结构性能或使用功能的破损

9.4　预制构件缺陷修补质量控制

1. 构件缺陷修补质量控制一般规定

1) 预制构件在生产制作、存放、运输等过程中造成的非结构质量问题，应采取相应的修补措施进行修补，对于影响结构的质量问题，应做报废处理。

2) 本规定适用于承重构件混凝土裂缝的修补；对承载力不足引起的裂缝，除应按本适用的方法进行修补外，尚应采用适当加固方法进行加固。

3) 本规定适用于钢筋混凝土结构构件的锚固；不适用于素混凝土构件，包括纵向受力钢筋的配筋率低于最小配筋百分率规定的构件锚固，素混凝土构件及低配筋率构件的配筋应按锚栓进行设计计算。

2. 预制构件修补质量检查

预制构件表面质量问题处理方案见表9.2。

构件表面破损和裂缝处理方案的判定依据（mm）　　　　　　　表 9.2

项目	情　况	处理方案	检查依据与方法
破损	（1）影响结构性能且不能恢复的破损	废弃	目测
	（2）影响钢筋、连接件、预埋件锚固的破损	废弃	目测
	（3）上述（1）（2）以外的，破损长度超过 20mm	一般破损修补方法	目测、卡尺测量
	（4）上述（1）（2）以外的，破损长度 20mm 以下	现场修补	目测、卡尺测量
裂缝	（1）影响结构性能且不能恢复的裂缝	废弃	目测
	（2）影响钢筋、连接件、预埋件锚固的裂缝	废弃	目测
	（3）裂缝宽度大于 0.3mm，且裂缝长度超过 300mm	废弃	目测、卡尺测量
	（4）上述（1）（2）（3）以外的，裂缝宽度超过 0.3mm	填充密封法	目测、卡尺测量
	（5）上述（1）（2）（3）以外的，宽度不足 0.2mm、且在外表面时	表面修补法	目测、卡尺测量
植筋	（1）影响结构性能且不能恢复的缺少钢筋	废弃	目测
	（2）非影响结构性能且数量极个别的缺少钢筋	植筋修补方法	目测
预埋件偏位及漏放	（1）影响结构性能且不能恢复的预埋件偏位及漏放	废弃	目测
	（2）非影响结构性能且数量极个别的预埋件偏位及漏放	预埋件偏位及漏放修补方法	目测

9.5　预制构件出厂质量控制

1. 预制构件出厂检查

1）预制构件出厂前，应按照产品出厂质量管理流程和产品检查标准检查预制构件，检查合格后方可出厂。

2）当预制混凝土构件质量验收符合质量检查标准时，构件质量评定为合格。

3）预制混凝土构件质量经检验，不符合本节要求，但不影响结构性能、安装和使用时，允许进行修补处理。修补后应重新进行检验，符合要求后，修补方案和检验结果应记录存档。

4）当预制构件出厂检验符合要求时，预制构件质量评定为合格产品（准用产品），由监理单位对预制构件签发产品质量证明书（合格证或准用证）。

2. 主控项目

1）预制构件生产过程中，各项隐蔽工程应有检查记录和检验合格单。

（1）检查数量：全数检查。

（2）检查方法：所有验收合格单必须签字齐全、日期准确方可归档。

2）预制构件的预留钢筋、连接套筒、预埋件和预留孔洞的规格、数量应符合设计要求。

（1）检查数量：全数检查。

（2）检查方法：对照构件制作图和变更图进行观察、测量。

3）预制构件的粗糙面或键槽成型质量应满足设计要求。

（1）检查数量：逐件检验。

（2）检验方法：观察和测量。

4）预制构件外观质量不应有严重缺陷。

（1）检查数量：全数检查。

（2）检验方法：观察。

3. 一般项目

1）预制混凝土构件观感质量不应有一般缺陷，判定方法应符合表 9.1 的规定，对于已经出现的一般缺陷，应按技术处理方案进行处理，并重新检查验收达到合格。

（1）检查数量：全数检查。

（2）检查方法：观察、检查技术处理方案。

2）构件外形尺寸允许偏差应符合表 9.3～表 9.5 的规定。

检查数量：同一工作班生产的同类型构件，经全数自检、互检合格后，平行检验不应少于 30%，且不少于 5 件。

楼板类构件外形尺寸允许偏差及检验方法　　　　　表 9.3

项次	检查项目		允许偏差(mm)	检验方法
1	外形尺寸	长度	<12m　　±5	用尺量两端及中间部,取其中偏差绝对值较大值
			≥12m 且<18m　±10	
			≥18m　　±20	
			楼梯板　　±5	
2		宽度	±5	用尺量两端及中间部,取其中偏差绝对值较大值
3		厚度	±5	用尺量板四角和四边中部位置共 8 处,取其中偏差绝对值较大值
4		对角线差值	6	在构件表面,用尺量测两对角线的长度,取其绝对值的差值
5		表面平整度	内表面　　4	用 2m 靠尺安放在构件表面,用楔形塞尺测靠尺与表面间的最大缝隙
			外表面　　3	
6		侧向弯曲	L/750 且≤20	拉线,钢尺量测最大弯曲处
7		扭翘	L/750	四对角拉两条线,量测两线交点之间的距离,其值的 2 倍为扭翘值
8	预埋部件	吊环、木砖	中心线位置　10	用尺量
			留出高度　0,-10	
9		预埋螺栓	中心线位置　2	用尺量
			外露长度　+10,-5	

续表

项次	检查项目		允许偏差（mm）	检验方法
10	预埋部件	预埋钢板	中心线位置	5	用尺量
			与混凝土平面高差	0，−5	用尺仅靠在预埋件上，用楔形塞尺量测预埋件平面与混凝土面的最大缝隙
11		预埋线盒、电盒	水平方向中心位置偏差	10	用尺量
			与构件表面混凝土高差	0，−5	
12	预留孔洞		中心线位置	5	用尺量
			洞口尺寸、深度	+10，0	
13	主筋外留长度		+10，−5		用尺量
14	主筋保护层厚度		+5，−3		用尺量

注：1. L 为构件长度（mm）；

2. 检查中心线位置和孔洞尺寸偏差时，沿纵、横两个方向测量，并取其中偏差较大值。

墙板类构件外形尺寸允许偏差及检验方法 表9.4

项次	检查项目		允许偏差（mm）	检验方法
1	外形尺寸	高度	±4	用尺量两端及中间部，取其中偏差绝对值较大值
2		宽度	±4	用尺量两端及中间部，取其中偏差绝对值较大值
3		厚度	±3	用尺量板四角和四边中部位置共8处，取其中偏差绝对值较大值
4		对角线差值	5	在构件表面，用尺量测两对角线的长度，取其绝对值的差值
5		门窗洞口	长度、宽度	±4	用尺量
6			对角线差	4	
7			位置偏移	3	
8		表面平整度	内表面	4	用2m靠尺安放在构件表面，用楔形塞尺测靠尺与表面间的最大缝隙
			外表面	3	
9		侧向弯曲	$L/1000$ 且≤20mm		拉线，钢尺量测最大弯曲处
10		扭翘	$L/1000$		四对角拉两条线，量测两线交点之间的距离，其值的2倍为扭翘值
11		装饰线条宽度	±2		用尺量

续表

项次	检查项目		允许偏差（mm）		检验方法
12	预埋件	安装用吊环	中心线位置	10	用尺量
			与构件表面混凝土高差	0，−10	
13		预埋内螺母	中心线位置	2	用尺量
			与混凝土平面高差	0，−5	用尺紧靠在预埋件上，用楔形塞尺测靠尺与混凝土面的最大缝隙
14		预埋木砖	中心线位置	10	用尺量
15		预埋钢板	中心线位置	5	
			与混凝土平面高差	0，−5	用尺紧靠在预埋件上，用楔形塞尺测靠尺与混凝土面的最大缝隙
16	预留孔洞		中心线位置	5	用尺量
			洞口尺寸、深度	±5	
17	结构安装用	套筒	中心线偏移	2	用尺量
			与混凝土平面高差	0，−5	
		螺栓	中心线偏移	2	
			外露长度	+10，0	
		预埋内螺母	中心线偏移	2	
18	主筋外留长度		竖向主筋（套筒连接用）	+10，0	用尺量
			竖向主筋	+10，−5	
			水平钢筋（箍筋）	+10，−5	
19	主筋保护层厚度			+5，−3	用尺量

注：1. L 为构件长度（mm）。

　　2. 检查中心线位置和孔洞尺寸偏差时，沿纵、横两个方向测量，并取其中偏差较大值。

梁柱类构件外形尺寸允许偏差及检验方法　　　　　　　　　　表9.5

序号	项次		允许偏差（mm）		检验方法
1	外形尺寸	长度	＜12m	±5	用尺量两端及中间部，取其中偏差绝对值较大值
			≥12m 且＜18m	±10	
			≥18m	±20	
2		宽度	±5		
3		高度	±5		用尺量板四角和四边中部位置共8处，取其中偏差绝对值较大值
4		表面平整度	4		用2m靠尺安放在构件表面，用楔形塞尺测靠尺与表面间的最大缝隙
5		侧向弯曲	L/750 且≤20mm		拉线，钢尺量测最大弯曲处
6		装饰线条宽度	±2		用尺量

续表

序号	项次		允许偏差（mm）		检验方法
7	预埋件	安装用吊环	中心线位置	10	用尺量
			留出高度	0，−10	
8		预埋内螺母	中心线位置	10	用尺紧靠在预埋件上，用楔形塞尺测靠尺与混凝土面的最大缝隙
			与混凝土平面高差	0，−5	
9		预埋木砖	中心线位置	10	用尺量
10		预埋钢板	中心线位置	5	用尺量
			与混凝土平面高差	0，−5	用尺紧靠在预埋件上，用楔形塞尺测靠尺与混凝土面的最大缝隙
11	预留孔洞		中心线位置	5	用尺量
			洞口尺寸、深度	±5	
12	结构安装用	套筒	中心线偏移	2	用尺量
			与混凝土平面高差	0，−5	
		螺栓	中心线偏移	2	
			外露长度	＋10，0	
		预埋内螺母	中心线偏移	2	
13	主筋外留长度		竖向主筋（套筒连接用）	＋10，0	用尺量
			竖向主筋	＋10，−5	
			水平钢筋（箍筋）	＋10，−5	
14	主筋保护层厚度		＋5，−3		用尺量

注：1. L 为构件长度（mm）。

　　2. 检查中心线位置和孔洞尺寸偏差时，沿纵、横两个方向测量，并取其中偏差较大值。

4. 构件外装饰外观除应符合现行国家标准《建筑装饰装修工程质量验收规范》GB 50210 的规定外，尚应符合本书表 9.6 的规定。

检查数量：全数检查。

5. 预制构件应在明显部位标识构件编号、构件材料信息、生产日期和质量检验标志。

检查数量：全数检查。

检查方法：观察。

构件外装饰允许偏差及检验方法　　　　　　　　　　**表 9.6**

外装饰种类	检查项目	允许偏差（mm）	检验方法
通用	表面平整度	2	2m 靠尺或塞尺检查
石材和面砖	立面垂直度	3	2m 水准尺检查
	阳角方正	2	用托线板检查
	上口平直	2	拉通线用钢尺检查
	接缝平直	3	用钢尺或塞尺检查
	接缝深度	±5	
	接缝宽度	±2	用钢尺检查

第 10 章 预制混凝土构件存储、运输及安装

10.1 一 般 规 定

1）应根据预制构件的种类、规格、重量等参数制定构件运输和存放方案。其内容应包括运输时间、次序、存放场地、运输线路、固定要求、存放支垫及成品保护措施等内容。对于超高、超宽、形状特殊的大型构件的运输和堆放应采取专门质量安全保证措施。

2）施工现场内道路应根据构件运输车辆设置合理的转弯半径和道路坡度，且应满足重型构件运输车辆通行的承载力要求。

3）预制构件的存放场地宜为混凝土硬化地面，满足平整度和地基承载力要求，并应有排水措施。

4）预制构件出厂前应完成相关的质量检验，检验合格的预制构件方可出厂。

5）运输前应确定构件出厂日的混凝土强度不应低于C30或设计强度等级。

6）预制构件吊装、运输、存放工况所需的工具、吊架、吊具、辅材等应满足技术要求。

7）预制构件运输和存放过程中，应有可靠的构件固定的措施，不得使构件变形、损坏。

10.2 预制混凝土构件存储

1）预制构件应按规格、型号、使用部位、吊装顺序分别布置存放场地，存放场地应设置在塔吊（吊车）有效工作范围内。

2）预制构件应按吊装、存放的受力特征选择卡具、索具、托架等吊装和固定措施，并应符合下列要求：

（1）构件存放时，最下层构件应垫实；预埋吊环宜向上，标识向外；

（2）柱、梁等细长构件存储宜平放，采用两条垫木支撑；

（3）每层构件间的垫木或垫块应在同一垂直线上；

（4）楼板、阳台板构件存储宜平放，采用专用存放架或木垫块支撑，叠放存储不宜超过8层；

（5）外墙板、楼梯宜采用托架立放，上部两点支撑。

3）构件脱模后，在吊装、存放、运输过程中应对产品进行保护，并符合下列要求：

（1）木垫块表面应覆盖塑料薄膜防止污染构件；

（2）外墙门框、窗框和带外装饰材料的表面宜采用塑料贴膜或者其他防护措施；

（3）钢筋连接套管、预埋螺栓孔应采取封堵措施。

10.3　预制混凝土构件运输

1）预制混凝土构件运输宜选用低平板车，并采用专用托架，构件与托架绑扎牢固。

2）预制混凝土梁、楼板、阳台板宜采用平放运输；外墙板宜采用竖直立放运输；柱可采用平放运输，当采用立放运输时应防止倾覆。

3）预制混凝土梁、柱构件运输时平放不宜超过 2 层。

4）搬运托架、车厢板和预制混凝土构件间应放入柔性材料，构件应用钢丝绳或夹具与托架绑扎，构件边角或锁链接触部位的混凝土应采用柔性垫衬材料保护。

10.4　墙 板 安 装

1）钢丝绳穿入预制构件上端的预埋吊环内并确认连接紧固后方可起吊。墙板吊装示意图见图 10.1。

2）用塔吊缓缓将预制构件吊起，待板的底边升至距地面 500mm 时略作停顿，再次检查吊挂是否牢固，板面有无污染破损，若有问题必须立即处理。

3）待预制墙板靠近作业面后，作业人员将两根溜绳用搭钩钩住，用溜绳将板拉住，使预制墙板慢慢就位，待与预埋钢筋对准后，缓缓下降墙板。

4）快速利用螺栓将预制墙体的斜支撑杆安装在预制墙板及现浇板上的螺栓连接件上，快速调节，保证墙板的大概竖直。

5）测量校正

墙板安装精度调节要点：

（1）垂直墙板方向（Y 向）校正措施：利用短钢管斜撑调节杆，对墙板跟部进行微调来控制 Y 向的位置。

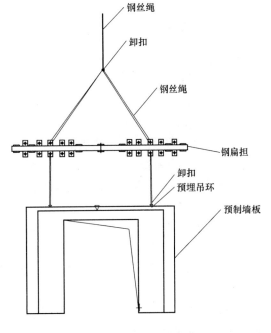

图 10.1　墙板吊装

（2）平行墙板方向（X 向）校正措施：主要是通过在楼板面上弹出墙板位置线及控制轴线来进行墙板位置校正，墙板按照位置线就位后，若有偏差需要调节，则可利用小型千斤顶在墙板侧面进行微调。

（3）墙板水平标高（Z 向）校正措施：通过水平仪进行调节控制施工时灰饼面标高。另外，吊装时还可以通过墙板上弹出的水平控制标高线来控制墙板水平标高。

6）预制墙板最终固定

利用上下斜支撑杆进行调节，保证墙体水平位置墙面垂直度能够满足设计要求。见图 10.2。

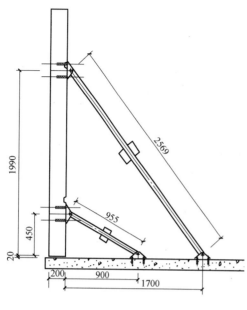

图 10.2 墙板支撑

7）绑扎钢筋

（1）预制板预留钢筋为开口的箍筋，开口箍筋现浇暗柱钢筋交叉放置，绑扎前先根据箍筋的位置在预制板上用粉笔标定暗柱箍筋的位置，预先把箍筋就位。

（2）墙边线放线、验线、清理→箍筋就位→立筋检查调直、调正→钢筋接头→钢筋绑扎→机电埋管→洞口加筋→检查验收。

（3）在上层楼板浇筑前，把预制板的预留钢筋用定位钢板固定定位钢筋，避免上层楼板浇筑时预留钢筋移位（定位钢板同首层）。

8）灌浆

（1）墙板灌浆套筒灌浆时间为预制墙体两侧构造柱钢筋绑扎完毕，墙体模板合模之前。

（2）预制墙板就位后经过校正微调后方可开始灌浆操作，灌浆应先从灌浆孔处灌入，待灌浆料从溢流孔中流出，表示预制墙板底20mm 灌浆缝灌满。

（3）预制墙板灌浆套筒灌浆，从灌浆套筒底部 PVC 管依次灌入，待其对应的上部 PVC 管流出灌浆料表示灌浆筒中已灌满充实，此时将灌浆处上部和下部 PVC 管口用木塞封堵严实。注意：先封堵预制墙板面垂直的下部 PVC 管。

（4）由于灌浆料初凝时间仅为30min，要求配置灌浆料时严格定人、定时、定量灌浆。

（5）灌浆完毕后立即清洗搅拌机、搅拌桶、灌浆枪等器具，以免灌浆料凝固清理困难。

（6）灌浆完成后 4h 之内，预制墙板不得受到振动。

9）模板支设与浇筑后浇带混凝土同现浇混凝土。

10.5 楼 梯 安 装

1）熟悉设计图纸，核对编号→楼梯上下口铺 20mm 厚 C25 细石混凝土找平层→划出控制线→复核→楼梯板起吊→楼梯板就位→校正→焊接→灌浆→隐检→验收。

2）弹楼梯安装控制线，对控制线及标高进行复核，控制安装标高。楼梯侧面距结构墙体预留 20mm 空隙，为保温砂浆抹灰层预留空间。

3）预制楼梯梯段采用水平吊装，吊装时，应使踏步平面呈水平状态，便于就位。

4）楼梯就位时楼梯板要从上垂直向下安装，在作业层上空 300mm 左右处略作停顿，施工人员手扶楼梯板调整方向，将楼梯板的边线与梯梁上的安放位置线对准，放下时要停稳慢放，严禁快速猛放，以避免冲击力过大造成板面破损裂缝。见图 10.3。

5）就位后用撬棍微调楼梯板，直到位置正确，搁置平实。安装楼梯板时，应特别注意标高正确，校正后再脱钩。

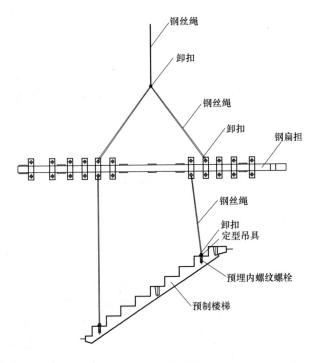

图 10.3　楼梯吊装

6）楼梯段校正后，将梯段上下口预埋件与结构板预埋件用连接角钢进行焊接。焊接要求采用单面角焊缝，焊缝高度不小于 4mm。

7）楼梯板与休息平台接缝部位采用 C35 灌浆料进行灌缝，见图 10.4。

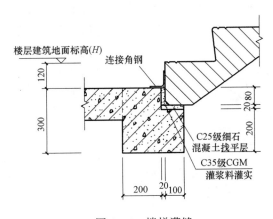

图 10.4　楼梯灌缝

10.6　阳台板安装

1）将钢丝绳穿入预制板上面的预埋吊环内，确认连接紧固后，缓慢起吊。

2）塔吊缓缓将预制阳台板吊起，待板的底边升至距地面 500mm 时略作停顿，再次检查吊挂是否牢固，板面有无污染破损，若有问题必须立即处理。确认无误后，继续提升使之慢慢靠近安装作业面。

3）预制阳台板吊至靠近作业面上空 300mm 处略作停顿，施工人员手扶阳台板调整方向，将板的边线与墙上的安放位置线对准，缓缓放下就位，用 U 托进行标高调整。

4）预制阳台板安装后，进行阳台上部负弯矩钢筋的绑扎，随后进行叠合层钢筋的绑扎。

5）钢筋隐检完毕进行混凝土浇筑。

10.7　预制楼板安装

1）将钢丝绳穿入预制板上面的预埋吊环内，确认连接紧固后，缓慢起吊。楼板吊装示意图见图 10.5。

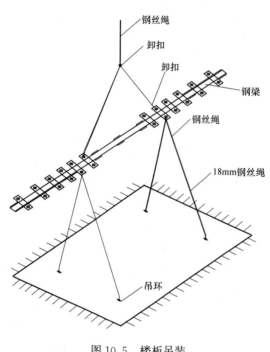

图 10.5　楼板吊装

2）起重机缓缓将预制楼板吊起，待板的底边升至距地面 500mm 时略作停顿，再次检查吊挂是否牢固，板面有无污染破损，若有问题必须立即处理。确认无误后，继续提升使之慢慢靠近安装作业面。预制楼板起吊时，要尽可能减小因自重产生的弯矩，采用钢扁担吊装架进行吊装，4 个吊点均匀受力，保证构件平稳吊装。

3）就位时预制楼板要从上垂直向下安装，在作业层上空 200mm 处略作停顿，施工人员手扶楼板调整方向，将板的边线与墙上的安放位置线对准，注意避免预制楼板上的预留钢筋与墙体钢筋打架，放下时要停稳慢放，严禁快速猛放，以避免冲击力过大造成板面破损裂缝。

4）调整板位置时，要垫上小木块，不要直接使用撬棍，以避免损坏板边角，要保证搁置长度，其允许偏差不大于 5mm。

5）楼板安装完后进行标高校核，调节板下的可调支撑。

第3篇
装配式剪力墙结构施工技术指南

装配式剪力墙结构施工主要包括预制外墙、梁、楼板、楼梯、阳台板、空调板等预制构件安装施工，装配式剪力墙结构施工技术直接影响装配式建筑质量和工效，为实现高效施工，本篇主要针对装配式剪力墙结构工程的施工流程及各阶段操作要点、材料与设备、施工计划、质量控制、安全措施、应急预案等方面进行编写，重点研究施工流程及操作要点、施工计划和质量控制。

本篇主要阐述装配式剪力墙结构施工技术要点、材料与机具设备、施工计划、质量控制、安全措施及其他预案。主要适用于：

1) 适用于装配式剪力墙结构，预制外墙、梁、楼板、楼梯、阳台板、空调板等采用工厂化生产的预制构件，内墙可根据具体情况部分预制或采用现浇。

2) 预制剪力墙纵向钢筋连接采用套筒灌浆连接，也可采用约束浆锚搭接连接或波纹管浆锚搭接连接。

3) 北方地区外墙可直接采用夹心保温外墙板，也可采用预制混凝土墙板外加外保温现场施工。

4) 内隔墙可采用整间墙板、空心墙板，也可采用其他轻质墙板进行二次安装。

第 11 章　装配式剪力墙结构施工技术要点

11.1　施工总平面布置

1）施工场地应满足大型平板拖车的进出要求。应具备现场预制构件零库存的运输通道。

2）预制构件存放场地应根据塔吊、道路情况综合考虑。

3）复杂构件可考虑在现场预制或预制构件在现场重新组装成新组合构件（运输困难）。

预制构件生产和组装可在施工现场进行时，宜采用固定模台进行制作，养护方式一般采用覆膜保湿养护。

装配式剪力墙结构的施工流程如图 11.1 所示。

图 11.1　装配式剪力墙结构的施工流程

为提高施工效率，套筒灌浆、预制梁、预制楼板吊装、现浇部分钢筋绑扎、模板等工作可以同时或者穿插施工。如在进行预制剪力墙套筒灌浆的同时，可以进行预制梁吊装准备工作，搭设预制梁支撑，绑扎现浇部分钢筋。

11.2　预制构件进场检查

预制构件是在工厂预先制作，现场进行组装，组装时需要较高的精度，同时每个预制构件具有唯一性，一旦某个预制构件有缺陷，势必会对整个组装工程质量、进度、成本造成影响。因此，必须对预制构件进行严格的进场检查。预制构件进场时必须有预制构件厂的出厂检查记录。

预制构件进场前，应检查构件出厂质量合格证明文件或质量检验记录，所有检查记录和检验合格单必须签字齐全、日期准确。预制构件的外观质量不应有严重缺陷。预制构件用钢筋连接套筒应有质量证明文件和抗拉强度检验报告，并应符合现行行业标准《钢筋套筒灌浆连接应用技术规程》JGJ 355 第 3.2.2 条的相关规定。

首批进场构件（预制剪力墙、预制梁、预制楼板、预制楼梯）必须进行全数检查，首批进场构件检查全部合格。后续进场构件每批进场数量不超过 100 件为一批，每批应随机抽查构件数量的 5%，且不应少于 3 件。

预制剪力墙套筒灌浆孔是否畅通必须进行全数 100% 检查。

预制构件检验的一般项目包括：长（高）、宽、厚、对角线差、表面平整度、侧向弯曲、翘曲、预埋件定位尺寸、预留洞口位置、结构安装用套筒、螺栓、预埋内螺母、主筋外留长度、主筋保护层厚度、灌浆孔畅通等。

预制构件的具体检查方式：

1. 预制剪力墙高、宽、厚、对角线差值

预制剪力墙长度测量示意图见图 11.2，操作工人使用钢卷尺分别对预制剪力墙的上部、下部进行测量，测量的位置分别为从构件顶部下 500mm，底部以上 800mm；取两者较大值作为该构件的偏差值，与预制构件厂的出厂检查记录对比。允许偏差为±5mm。

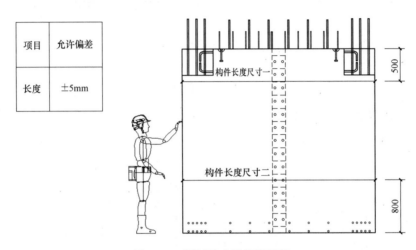

图 11.2　预制剪力墙长度测量

预制剪力墙高度、对角线尺寸测量示意和预制剪力墙厚度尺寸测量示意分别见图 11.3 和图 11.4，操作人员同样使用钢卷尺对构件的高度、厚度、对角线差进行测量。高度、厚度测量方法采用钢尺量一端及中部，取其中偏差绝对值较大处，对角线差测量方法采用钢尺量两个对角线。高度允许偏差为±4mm，对角线允许偏差为 5mm，厚度允许偏差为±3mm。

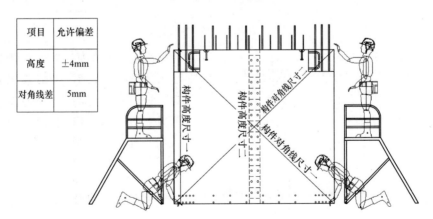

图 11.3　预制剪力墙件高度、对角线尺寸测量

2. 预制剪力墙件侧向弯曲、表面平整度偏差

预制剪力墙侧向弯曲测量示意见图 11.5，操作人员使用拉线、钢尺对预制剪力墙最

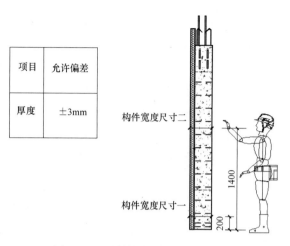

项目	允许偏差
厚度	±3mm

图 11.4　预制剪力墙厚度尺寸测量

大侧向弯曲处进行测量，允许偏差为 $L/1000$ 且 ≤10mm。与预制构件厂的出厂检查记录对比。

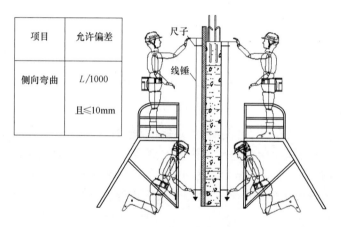

项目	允许偏差
侧向弯曲	$L/1000$ 且 ≤10mm

图 11.5　预制剪力墙侧向弯曲测量

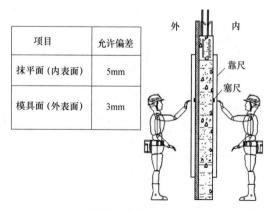

项目	允许偏差
抹平面（内表面）	5mm
模具面（外表面）	3mm

图 11.6　预制剪力墙墙内、外平整测量

预制剪力墙墙内、外平整测量示意见图 11.6，操作人员使用 2m 靠尺和金属塞尺对构件内外的平整度进行测量。墙板抹平面（内表面）允许误差为 5mm，模具面（外表面）允许误差为 3mm。

3. 预制剪力墙预埋件检查

预制剪力墙预埋件检查示意见图 11.7，操作人员使用量尺检查。预埋件安装用吊环中心线位置允许误差为 10mm、外露长度为 +10mm，0mm。预埋内螺母中心线位置允许误差为 10mm、与混凝土平面高差为 0mm，—5mm。预埋木砖中心线位置允许误差为 10mm。预埋钢板中心线位置允许误差为 5mm、与混凝土平面高差为 0mm，—5mm。预留孔洞中心线位置允许误差为 5mm、洞口尺寸允许误差为＋10mm，0mm。预制剪力墙预埋套筒、支撑支模预埋件检查见图 11.7，依据预制构件制作图确认甩出钢筋的长度是否正确，支模（支撑）用预埋件是否漏埋、是否堵塞。预留钢筋中心线位置、外露长度等都要用尺量检查，预埋套筒的中心线位置、与混凝土表面高差等都要用尺量检查，并且与预制构件厂的出厂检查记录对比。预留插筋中心线位置允许误差为±5mm，主筋外留长度允许误差，竖向主筋（套筒连接用）为＋10mm、非套筒连接用为＋10mm、—5mm。预埋套筒与混凝土平面高差 0，—5mm，支撑、支模用预埋螺栓以及预埋套筒中心线位置允许误差为 2mm。

项目	允许偏差
支模、支撑用预埋螺栓 预埋套筒中心线位置	2mm
预埋套筒与混凝土平面高差	0，—5mm

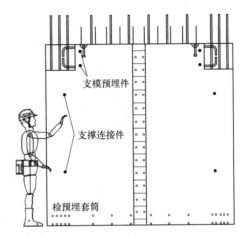

图 11.7 预制剪力墙预埋件检查

4. 预制剪力墙构件灌浆孔检查

预制剪力墙灌浆孔检查示意图见图 11.8，依据预制构件制作图，检查灌浆孔是否畅通，检查方法如下，操作人员使用细钢丝从上部灌浆孔伸入套筒，如从底部可伸出，并且从下部灌浆孔可看见细钢丝，即畅通。并且与预制构件厂的出厂检查记录对比。预制剪力墙套筒灌浆孔是否畅通必须全数 100% 检查。

5. 预制梁、预制楼板构件检查

预制梁、预制楼板的检查方法同预制剪力墙的方法，此处不再赘述。所有检查项目可依据国家标准《装配式混凝土建筑技术标准》GB/T 51231—2016 及行业标准《装配式混凝土结构技术规程》JGJ 1—2014 中要求确定。

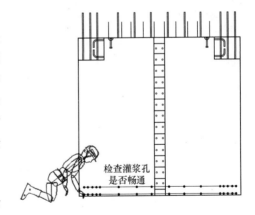

图 11.8 预制剪力墙灌浆孔检查

进场的预制构件的检验方法及允许误差应按照表 11.1 进行。检查数量：同类型构件，不超过 100 件为一批，每批应随机抽查构件数量的 5％，且不应少于 3 件。

构件尺寸允许偏差及检验方法　　　　　　　　　表 11.1

项目			允许偏差（mm）		检验方法
外形尺寸	长度	梁、柱、楼板	＜12m	±5	用尺量两端及中间部，取其中偏差绝对值较大值
			≥12m 且＜18m	±10	
			≥18m	±20	
		墙板（高度）		±4	
		楼梯板		±5	
	宽度	楼板、梁、柱		±5	用尺量两端及中间部，取其中偏差绝对值较大值
		墙板		±4	
	厚度	柱、梁、楼板		±5	用尺量板四角和四边中部位置共 8 处，取其中偏差绝对值较大值
		墙板		±3	
	对角线差值	楼板		6	在构件表面，用尺量测两对角线的长度，取其绝对值的差值
		墙板		5	
	表面平整度	柱、梁、墙板内表面		4	用 2m 靠尺安放在构件表面，用楔形塞尺测靠尺与表面间的最大缝隙
		楼板底面、墙板外表面		3	
	侧向弯曲	柱、梁、楼板		$L/750$ 且≤20	拉线，钢尺量测最大弯曲处
		墙板		$L/1000$ 且≤20	
	扭翘	楼板		$L/750$	四对角拉两条线，量测两线交点之间的距离，其值的 2 倍为扭翘值
		墙板		$L/1000$	
预留孔洞	预留孔、预留洞	中心线位置		5	用尺量
		孔洞尺寸、深度		±5	
预埋件	预留插筋	中心线位置		3	用尺量
		外露长度		±5	
		插筋倾斜		3	拉垂线，用尺量
	预埋件	预埋套筒	中心线位置	2	用尺量
			与混凝土平面高差	0，−5	用尺紧靠在预埋件上，用楔形塞尺测靠尺与混凝土面的最大缝隙
			垂直度	3	拉垂线，用尺量
		预埋螺栓	中心线位置	5	用尺量
			外露长度	+10，−5	
		预埋钢板	中心线位置	5	用尺量
			与混凝土平面高差	0，−5	用尺紧靠在预埋件上，用楔形塞尺测靠尺与混凝土面的最大缝隙
键槽		中心线位置		5	用尺量
		长度、宽度		±5	
		深度		+10，−5	

注：1. L 为构件长度（mm）。
　　2. 检查中心线和孔洞尺寸偏差时，沿纵、横两个方向量测，并取其中偏差较大值。

6. 裂缝、破损处理

预制构件在进场检查过程中如果发现裂缝、破损情况按照表 11.2 处理。

	项　　目	处理方案
裂缝	(1)影响结构性能且不能恢复的裂缝	废弃
	(2)影响钢筋、连接件、预埋件锚固的裂缝	废弃
	(3)裂缝宽度大于等于 0.3mm,且裂缝长度超过 300mm	废弃
	(4)上述(1)、(2)、(3)以外,裂缝宽度大于等于 0.2mm,小于 0.3mm	修补 2
	(5)上述(1)、(2)、(3)以外,裂缝宽度小于 0.2mm,且仅在外表面	修补 3
破损	(1)影响结构性能且不能恢复的破损	废弃
	(2)影响钢筋、连接件、预埋件锚固的破损	废弃
	(3)上述(1)、(2)以外,破损长度大于等于 20mm	修补 1
	(4)上述(1)、(2)以外,破损长度小于 20mm	现场修补

构件裂缝和破损处理方案　　　表 11.2

注：修补 1：用不低于混凝土设计强度的专用浆料修补。
　　修补 2：用环氧树脂浆料修补。
　　修补 3：用专用防水浆料修补。

11.3　预制构件现场堆放

预制构件运送到施工现场验收合格后要进行存放。所有的构件如果能够满足直接吊装的条件，应避免在现场存放。

1. 堆放场地

在预制构件进场前，经过策划绘制预制构件平面布置图，见图 11.9。堆放场地应平整、坚实，并应有排水措施；构件存放位置应在起吊设备覆盖范围内，避免二次倒运；存放时应按吊装顺序、规格、品种、所属楼栋号等分区存放，存放构件之间宜设宽度为 0.8~1.2m 的通道；

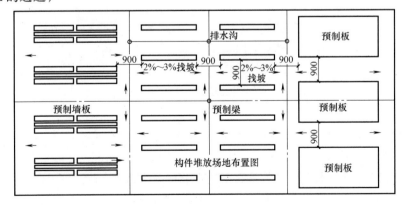

图 11.9　预制构件堆放平面布置

2. 预制剪力墙堆放

预制剪力墙可以采用水平或者竖直形式堆放。预制剪力墙在平面外没有钢筋可以选择水平堆放，将预制梁放置在两个 60mm×90mm 的木方上，木方上部要加入 20mm 厚的保护材料（一般可用挤塑板或橡胶垫）。放置构件时控制端部与木方中心距离为通常取值为 $L/5$，L 为构件长度，当构件长度较长时，$L/5$ 的取值大于 800mm 时，取 800mm。预制剪力墙水平堆放示意见图 11.10。当平面外有甩出钢筋时应当采用竖直形式堆放，墙板靠放时可采用自制靠放架体避免墙体倾倒，事先在与构件接触的侧面和底面部分安装木方和保护材料，预制剪力墙竖直堆放示意见图 11.11。

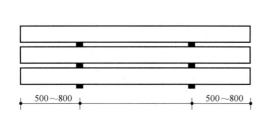

图 11.10　预制剪力墙水平堆放

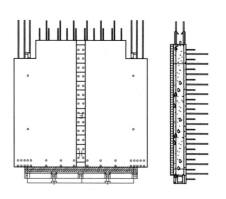

图 11.11　预制剪力墙竖直堆放

3. 预制梁堆放

预制梁堆放，预制梁堆放示意见图 11.12，采用水平放置形式，将预制梁放置在两个（60mm×90mm）的木方上，木方上部要加入 20mm 厚的保护材料（一般可用挤塑板或橡胶垫）。梁构件垂直于两根木方方向放置，放置构件梁时控制梁端与木方中心距离为 $L/5$ 处，L 为构件长度，当构件长度较长，$L/5$ 的取值大于 800mm 时，取 800mm。

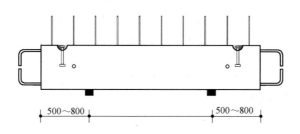

图 11.12　预制梁堆放

4. 预制楼板堆放

预制楼板采用水平堆放形式见图 11.13，当预制楼板的跨度在 4m 以内，通常将预制楼板放置在两个（60mm×90mm）木方上，木方上部要加入 20mm 厚的保护材料（一般可用挤塑板或橡胶垫）。木方要沿着垂直于桁架筋的方向放置，板边缘与木方的距离为 $L/5$，L 为构件长度，当构件长度较长时，$L/5$ 的取值大于 800mm 时，取 800mm。当预制楼板的跨度大于 4m 可采用四个木方，间距为 $L/5$。

预制楼板采用叠放时，要注意上下木方的位置一定相同，桁架筋上面放置木方时要放在桁架筋的顶点处，叠放层数不应超过 8 层，如图 11.13 所示。也可以在无桁架筋位置放置多个木块来代替上述木方。

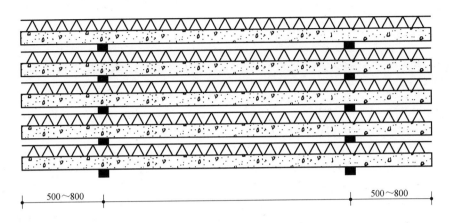

图 11.13　预制叠合楼板构件堆放

　　在将预制剪力墙、梁、楼板构件从车上卸下前，先在预制构件上画出距构件端部 $L/5$ 的标线，同时放置的木方提前按要求距离放置，预制构件在放置时使得标线对准木方即可。

11.4　预制构件吊装准备工作

　　装配式剪力墙结构的特点之一就是有大量的现场吊装工作。因此，在正式吊装前必须做好吊装准备工作。吊装前准备工作包括构件上弹线、定位放线、预埋螺栓或垫片高度调整、吊具检查、预埋件位置确认以及钢筋位置确认等。

　　1. 预制构件弹线

　　首先，在预制剪力墙上弹出建筑标高 1000mm 控制线以及预制构件的中线，见图 11.14 预制剪力墙弹线示意图。

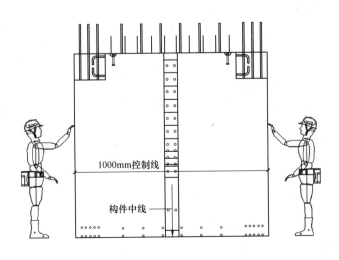

图 11.14　预制剪力墙弹线

图 11.15　工作面测量放线示意

2. 工作面测量放线

依据施工图放出轴线以及预制剪力墙构件外边线，见图 11.15，轴线误差不能超过 5mm。需要注意的是，弹出的墨线要清晰，应避免过粗的现象，便于预制剪力墙满足安装的同时有利于提高安装精度。

3. 预制剪力墙构件螺栓（垫片）水平调整

预制剪力墙板下部 20mm 的灌浆缝可以使用预埋螺栓或者垫片来实现，通常情况下，预制剪力墙长度小于 2m 的设置两个螺栓或者垫片，位置设置在距离预制剪力墙两端部 500～800mm 处。如果预制剪力墙长度大于 2m，适当增加螺栓或者垫片数量。长度 3m，可设置 3 个螺栓或者垫片；长度 4m，可设置 4 个螺栓或者垫片。无论使用哪种形式，都需要使用水准仪将预埋螺栓抄平，如图 11.16 所示。螺栓高度误差不能超过 2mm。

4. 吊具检查

每次吊装预制构件前，都要对吊具进行检查，如图 11.17 所示。吊具检查包括钢丝绳、吊环、钢梁。如钢丝绳是否有磨损，吊环安全装置是否锁死。初次使用时还需检查钢梁的螺栓是否合格等。

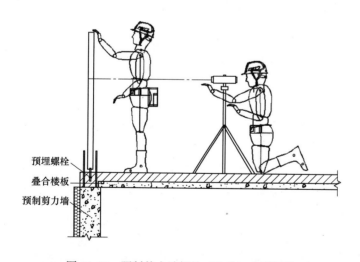

图 11.16　预制剪力墙螺栓（垫片）水平调整

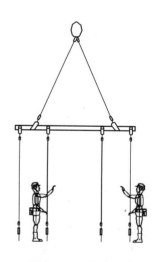

图 11.17　吊具检查

5. 钢筋位置确认

由于预制剪力墙的竖向连接是通过套筒灌浆连接，套筒内壁与钢筋距离约为 6mm，因此，为了便于安装，在吊装预制剪力墙前，首先要确认工作面上甩出钢筋的位置是否准确，依据图纸使用钢筋或者角钢制作便捷的钢筋位置确认工具，将所有钢筋调整到准确的位置。为了确保钢筋位置的准确,在浇筑前一层混凝土时,可安装钢筋定位板,如图 11.18 所示,定位板用角钢和钢管焊接而成。放置定位板能够有效地控制钢筋位置的准确性。

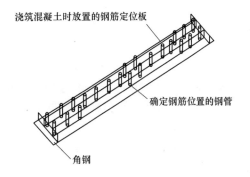

图 11.18　钢筋定位板

11.5　预制剪力墙组装

准备工作做好以后,就可以进入到预制剪力墙吊装部分。这部分包含预制剪力墙吊装工程以及复测工程。

1. 预制剪力墙吊装

剪力墙的吊装按照以下步骤进行:

1)挂钩:将专用吊具连接到塔吊吊钩,缓慢移动到被吊物上方。将吊环安装在剪力墙上部预埋螺栓内,将钢丝绳上的吊钩卡入吊环。如图 11.19 吊具挂钩图,确认连接紧固后,将剪力墙板从堆放架上吊起竖直放置,在剪力墙板的下端放置两块 1000mm×1000mm×100mm 的海绵胶垫,以预防剪力墙板起吊离开堆放架时板的边角被撞坏。并应注意起吊过程中,板面不得与堆放架发生碰撞。

2)装围护外架:起吊前可以提前安装围护外架。将围护外架通过螺杆穿过预留在剪力墙的预留孔固定。预制剪力墙围护架安装图见图 11.20。

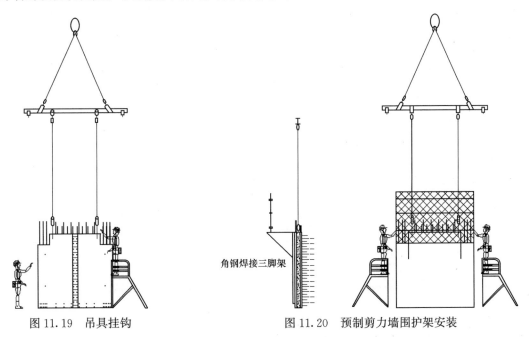

图 11.19　吊具挂钩　　　　　图 11.20　预制剪力墙围护架安装

3)起吊:起吊时下方需要配备 3 人,其中一人为信号工负责调度,用对讲机跟塔吊司机联系,其他两人负责确保构件不发生磕碰。构件起吊要严格执行"三三三制",即先将预制剪力墙吊起距离地面 300mm 的位置后停稳 30s，地面人员要确认构件是否水平，如果发现构件倾斜，要停止吊装，放回原来位置，重新调整以确保构件能够水平起吊。除了确保水平，还要确认吊具连接是否牢固，钢丝绳有无交错，构件上有无其他易掉落物品，剪力墙板面有无破损等。确认无误后，调度员通知塔吊司机可以起吊，所有人员远离预制剪力墙 3m 远，预制剪力墙起吊示意见图 11.21。

4）组装：起吊后的预制剪力墙通过塔吊吊到预定位置附近后，将预制剪力墙缓缓下放，在距离作业层上方 500mm 左右的位置停止，如图 11.22 预制剪力墙组装图所示。上方需要施工人员 3 人，其中一人负责调度，用对讲机跟塔吊司机联系，其他两人负责安装预制剪力墙。安装人员检查构件安装位置垫片是否放置好，有无垃圾杂物，预制剪力墙边线是否清晰可见，下层构件钢筋是否就位（吊装准备工作中的工作）。确认无误后，安装人员用手扶预制剪力墙板，配合塔吊司机将构件水平移动到构件安装位置。就位后，将预制剪力墙缓慢下放，安装人员一左一右，确保构件不发生碰撞。下降至下层预制剪力墙钢筋附近停止，调度员用反光镜确认钢筋是否在套筒正下方，如果没有，应当进行微调，微调钢筋在套筒正下方后，指挥塔吊继续下放。下降到离地面 50mm 左右位置时停止，两侧安装人员确认地面上的控制线，将构件尽量控制在边线上，然后告诉调度员就位，调度员指挥塔吊下放直到接触垫片，这样构件基本到达正确位置。如果此时偏差较大，调度员通知塔吊司机将构件重新吊起至距地面 50mm 左右的位置，安装员重新调整后，再次下放，直到基本到达正确位置为止。为确保就位精准，可以采用如下方法，如在预制剪力墙轮廓线位置设置木方，在使用钉子将木方固定在地面上，预制剪力墙下落时会沿着木方下降，这样位置的准确性更高。组装结束后，塔吊卸力，同时将斜支撑连接到构件上。

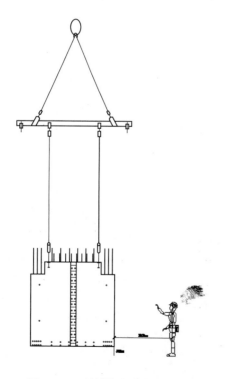

图 11.21　预制剪力墙起吊

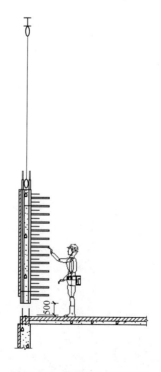

图 11.22　预制剪力墙组装

5) 临时固定：塔吊卸力的同时，需要采用可调节斜支撑螺杆将墙板进行固定。每一个剪力墙需要 2 长 2 短共计 4 个斜支撑。长螺杆长 2060mm，按照此长度进行安装，可调节长度为±300mm。短螺杆长 940mm，按照此长度进行安装，可调节长度为±300mm。剪力墙上斜支撑用预埋件距离底部距离分别为 2000mm，800mm；距构件边缘距离为 300mm。如图 11.23 预制剪力墙临时固定图所示。临时固定完成后，可以进行下一步的调整。

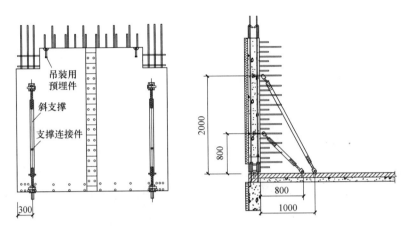

图 11.23　预制剪力墙临时固定

6) 调整：构件就位后，需要进行测量确认，测量指标主要有高度、位置、倾斜。调整顺序建议是按高度、位置、倾斜来进行。因为高度有问题必须要重新起吊，高度确认后位置和倾斜可以不用重新起吊就可以进行。

（1）高度调整：可以通过构件上所弹出的 1000mm 线，以及水准仪来测量。每个构件需要测量 2 个点，左右各一个。两个点的误差必须都要控制在±3mm 之内。如果超过标准，说明有可能存在以下几个问题：一是垫片抄平时存在操作失误，水准仪读数或者水准仪本身有问题；二是垫片被人为移动，可能是其他施工人员碰倒垫片或者移动垫片；三是某根钢筋过长，使构件不能完全下落；四是构件区域内存在杂物或者混凝土面有个别突起，使构件不能完全下落。重新起吊构件，检查以上可能的原因，然后重新测量，直到控制在误差范围内为止。

（2）左右位置调整：高度调整完毕后，进行左右位置调整。左右位置偏差有整体偏差和旋转偏差之分。如果是整体偏差，说明构件整体位置发生偏差，可以让塔吊加 80% 荷载重量，然后人工用撬棍或者手推方式将构件整体移位。如果是旋转偏差，可以通过斜支撑进行调整。斜支撑不只是起到固定的作用，还可以通过螺杆进行拉伸，起到调整构件位置的作用。

（3）前后位置调整：左右位置调整完毕后，进行前后位置的调整。前后位置调整方法为在塔吊加 80% 荷载重量的前提下，用斜支撑伸缩来调整。斜支撑螺杆收缩，构件向内移动，反之构件向外移动。前后位置调整完毕后，塔吊完全卸力，位置调整步骤完成。

（4）左右倾斜调整：倾斜度测试仪或者用 2m 靠尺加线坠做成一个倾斜度测试仪，放在构件侧面平坦处，待线坠平稳后，测量线坠偏离距离测得偏差。通常情况下，如果高度调整时左右两边的高度都在误差允许范围内，就不会出现左右倾斜超过 5mm（倾斜允许误差）的情况。如果倾斜超过 5mm，可能是以下几个原因。一是构件本身有问题，侧面不平整有凹凸，可以重新换一个位置再测量。二是垫片高度有问题，造成左右倾斜，必须重新起吊后确认。前后出现倾斜可以用较长的斜支撑进行调整。调整方法为固定下方较短的斜支撑，拉伸上部较长的斜支撑调整，调整到位后，全部调整工程完毕，锁好安全锁，塔吊摘钩，如图 11.24 所示。

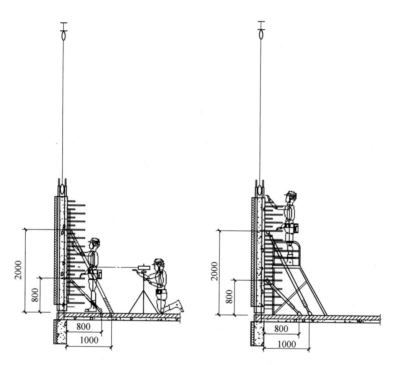

图 11.24　预制剪力墙调整

2. 复测工程

如图 11.25 所示，预制剪力墙安装完毕后应当实测墙体之间间距，记录在平面布置图上，通过该方法可以掌握每层预制构件的安装误差，以便为后期调整误差提供数据支持。

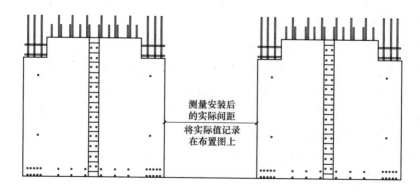

图 11.25　预制剪力墙复测（一）

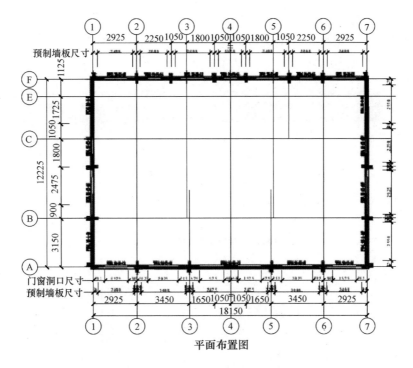

平面布置图

图 11.25　预制剪力墙复测（二）

11.6　套筒灌浆

套筒灌浆是装配式施工中的重要环节。套筒灌浆施工是确保竖向结构可靠连接的过程，施工品质的好坏决定了建筑物的结构安全。因此，施工时必须特别重视。套筒灌浆的施工步骤为：灌浆孔检查、底部接缝四周模板封堵和灌浆。

1. 灌浆孔检查

检查灌浆孔的目的是为了确保灌浆套筒内畅通，没有异物。套筒内不畅通会导致灌浆料不能填充满套筒，造成钢筋连接不符合要求。检查方法如下，使用细钢丝从上部灌浆孔伸入套筒，如从底部可伸出，并且从下部灌浆孔可看见细钢丝，即畅通。如果钢丝无法从底部伸出，说明里面有异物，需要清除异物直到畅通为止。

2. 接缝四周用模板进行封堵

为了提高封堵效率，采用预埋定位螺栓加模板封堵的方法。假设预制剪力墙板采用墙板＋保温的两层构造，其中接缝部位保温板断开，方便接缝封堵，接缝采用四周模板封堵方法，外侧模板通过预埋在上下两层墙板内的螺栓进行固定，内侧模板通过预埋在混凝土楼板内的螺栓和木方、木楔进行调整和固定，内墙板封堵均采用木楔和木方模板。见图11.26 预制剪力墙底部模板封堵图。

3. 灌浆

灌浆前应首先测定灌浆料的流动度，灌浆前流动度测试见图11.27，操作人员使用专用搅拌设备搅拌砂浆，之后倒入圆截锥试模，进行振动排出气体，提起圆截锥试模，待砂浆流动扩散停止，测量两方向扩展度，取平均值，要求初始流动度大于等于 300mm，

30min 流动度大于等于 260mm。

灌浆时需要制作灌浆料抗压强度同条件试块两组，试件尺寸采用 40mm×40mm× 160mm 的棱柱体；

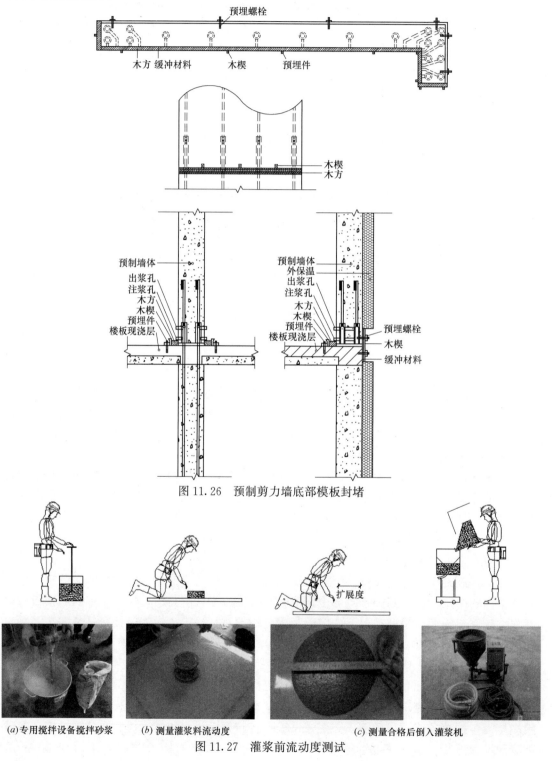

图 11.26　预制剪力墙底部模板封堵

(a)专用搅拌设备搅拌砂浆　　(b)测量灌浆料流动度　　(c)测量合格后倒入灌浆机

图 11.27　灌浆前流动度测试

灌浆工程采用灌浆泵进行，灌浆料由下端靠中部灌浆孔注入，随着其余套筒出浆孔有均匀浆液流出，及时用配套橡胶塞封堵。灌浆结束后 24h 内不得对墙板施加振动冲击等影响，待灌浆料达到强度后拆模。拆模后灌浆孔和螺栓孔用砂浆进行填堵。外墙板灌浆完成后，外保温板水平缝隙部位按防火隔离带标准进行二次施工，见图 11.28。

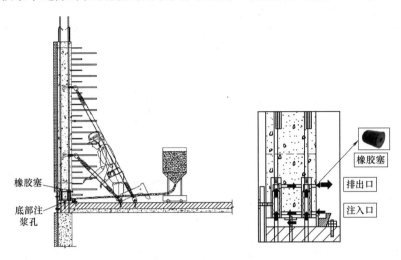

图 11.28 灌浆

套筒灌浆施工人员灌浆前必须经过专业灌浆培训，经过培训并且考试合格后方可进行灌浆作业工作。套筒灌浆前灌浆人员必须填写套筒灌浆施工报告书，见表 11.3 套筒灌浆施工报告书。灌浆作业的全过程要求监理人员必须进行现场旁站。

套筒灌浆施工报告书 表 11.3

套筒灌浆施工报告书			
项目名称：		施工日期：	施工部位(构件编号)
灌浆开始时间： 灌浆结束时间：		灌浆责任人：	监理责任人：
砂浆注入 管理记录	室外温度：___℃	水量：___ kg/袋	砂浆批号：
	水温：___℃	流动值：___ mm	备注：
	灌浆时浆体温度：___℃		

11.7 预制梁、楼板、楼梯吊装

预制梁的吊装方法与剪力墙的吊装方法基本相同。

1. 预制梁吊装

预制梁吊装前需要安装预制梁底部支撑，使用水准仪测量，调整支撑顶部木方水平标高至准确位置。如图 11.29 所示。

预制梁的吊装按图 11.30 步骤进行。（1）挂钩和安装围护外架；（2）起吊；（3）组装和临时固定；（4）调整和摘钩。

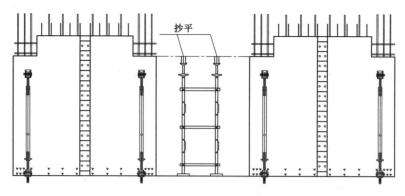

图 11.29　预制梁底部支撑

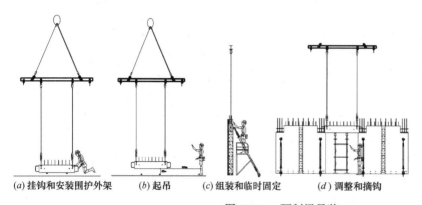

(a) 挂钩和安装围护外架　　(b) 起吊　　(c) 组装和临时固定　　(d) 调整和摘钩

图 11.30　预制梁吊装

　　预制梁安装时，当预制剪力墙安装高度的误差为－5mm 以内时，可以采用在预制剪力墙开口处增加垫片解决，此事应当做好封堵工作，以免浇筑混凝土时出现漏浆现象。当预制剪力墙安装高度的误差大于＋5mm 时，必须进行剔凿处理。

　　2. 预制楼板吊装

　　预制楼板的吊装方法与预制剪力墙、梁的吊装方法基本相同。但由于预制楼板的平面较大，因此，根据预制楼板的大小需要设置 8 个吊点。

　　预制楼板吊装前，首先应安装预制楼板的底部支撑，采用普通钢管或铝合金钢管支撑，铝合金支撑强度高，可以减少架体的使用，使用水准仪测量，调整支撑顶部木方水平标高至准确位置。如图 11.31 预制楼板底部支撑图。

　　之后要进行平稳性测试，将吊钩等间距钩在预制楼板的桁架筋上，严格执行"三三三制"。目测构件是否平稳，如果不平稳需要重新挂钩调整，直至构件可以保持平稳，记录吊钩钩住预制楼板桁架筋的位置。以便后续大面积吊装。预制楼板吊装见图 11.32。

　　吊装时还需注意以下操作要点：

　　1）起吊时要先试吊，先吊起升至距地 300mm 停止，检查钢丝绳、吊钩的受力情况，使预制楼板保持水平，然后升至作业层上空。

　　2）就位时预制楼板要垂直向下安装，在作业层上空 200mm 处略作停顿，施工人员手扶楼板调整方向，将板的边线与梁的安放位置线对准，注意避免预制楼板上的预留钢筋与梁上钢筋打架，放下时要停稳慢放，严禁快速猛放，以避免冲击力过大造成板面裂缝。

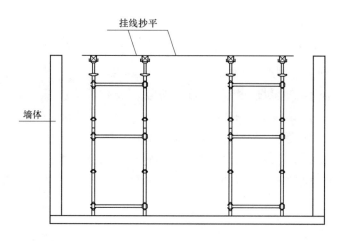

图 11.31　预制楼板底部支撑

6 级风以上时应停止吊装。

　　3）调整板位置时，要垫一小木块，不要直接使用撬棍，以避免损坏板边角，要保证搁置长度，其允许偏差不大于 5mm。

　　4）楼板安装完后进行标高校核，调节板下的可调支撑。

　　预制楼板起吊时，要尽可能减小因自重产生的弯矩，采用专用吊装架进行吊装，各个吊点均匀受力，保证构件平稳吊装，需要注意的是，吊点应沿垂直于桁架筋方向安装，见图 11.32。

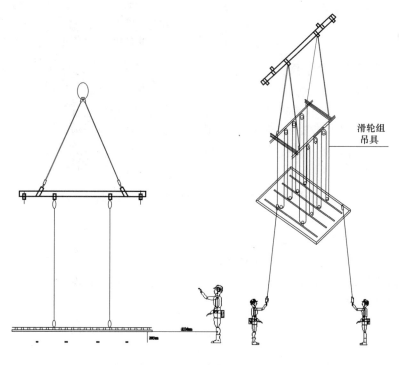

图 11.32　预制楼板吊装

3. 预制楼梯吊装

吊装前应做如下准备工作：

1）控制线：在楼梯洞口外的板面划出楼梯上、下梯段板控制线。在楼梯平台上划出安装位置（左右、前后控制线）。在墙面上划出标高控制线。

2）安装工艺流程：熟悉设计图纸，核对编号 →楼梯上下口铺 20mm 砂浆找平层→划出控制线 → 复核→楼梯板起吊 → 楼梯板就位 → 校正 → 焊接 → 灌浆→隐检 → 验收。

3）在梯段上下口梯梁处，设置两组 20mm 垫片并抄平，铺 20mm 厚 M10 水泥砂浆找平层，找平层标高要控制准确。M10 水泥砂浆采用成品干拌砂浆。

4）弹出楼梯安装控制线，对控制线及标高进行复核，控制安装标高。楼梯侧面距结构墙体预留 30mm 空隙，为保温砂浆抹灰层预留空间。

完成以上准备工作后，开始进行吊装。

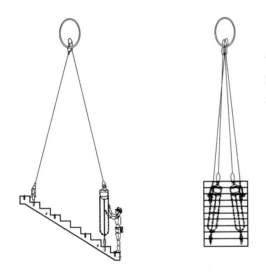

图 11.33　预制楼梯吊装

5）起吊：预制楼梯梯段采用水平吊装，吊装时应使踏步平面呈水平状态，便于就位。将吊装吊环用螺栓与楼梯板预埋的内螺纹连接，以便钢丝绳吊具及倒链连接吊装。楼梯板起吊前，检查吊环，用卡环销紧，见图 11.33。

6）楼梯就位：就位时楼梯板保证踏步平面呈水平状态从上吊至安装部位，在作业层上 300mm 左右处略作停顿，施工人员手扶楼梯板调整方向，将楼梯板的边线与梯梁上的安放位置线对准，放下时要停稳慢放。

7）校正：就位后再用撬棍微调楼梯板，直到位置正确，搁置平实。安装楼梯板时，应特别注意标高正确，校正后再脱钩。

8）楼梯段与平台板连接部位施工：楼梯段校正完毕后，将梯段上口预埋件与平台预埋件用连接角钢进行焊接，焊接完毕接缝部位采用灌浆料进行灌浆。

11.8　现浇部分钢筋绑扎、模板

1. 现浇部分钢筋绑扎

现浇部分分为预制外墙板与内墙连接的暗柱部分和预制剪力墙与连梁连接部分，现浇部分见图 11.34。

1）暗柱节点

（1）先将现浇暗柱部分插筋略微向中间调整，以确保预制剪力墙暗柱部分箍筋很容易的将插筋套住，见图 11.35。

（2）待预制剪力墙构件安装完毕后，再绑扎暗柱竖向受力钢筋，之后绑扎箍筋。

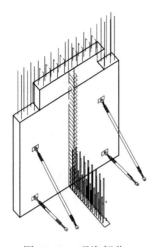

图 11.34　现浇部分

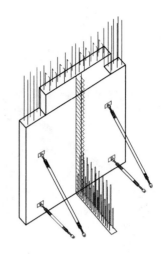

图 11.35　暗柱节点

2）连梁节点

待预制梁吊装完成后，再绑扎现浇段 U 形箍筋，见图 11.36。

3）预制楼板现浇部

预制楼板现浇部见图 11.37，预制楼板现浇部钢筋绑扎、管线预埋等需要注意事项：

（1）叠合层钢筋为双向单层钢筋。在预制楼板与预制楼板的拼缝处存在附加钢筋。

（2）预埋水电管线前应当深化预埋图纸，尽量避免管线重叠，当无法避免管线重叠，且高度大于现浇层时，经施工技术人员认可后，可以局部切割桁架筋。

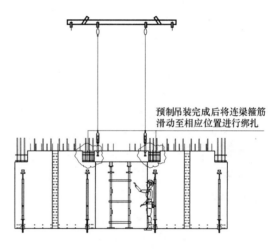

预制吊装完成后将连梁箍筋滑动至相应位置进行绑扎

图 11.36　预制连梁节点

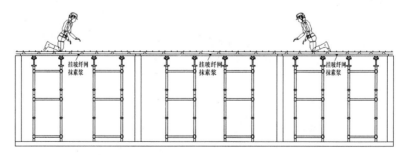

挂玻纤网抹素浆

图 11.37　预制楼板现浇部

（3）预埋预制剪力墙、连梁支撑预埋件定位应准确。

（4）为防止预制板拼缝处漏浆，需要将预制楼板板底封堵，预制楼板底采用挂玻纤网抹素浆的方式进行封堵。

2. 现浇部分模板

现浇部分模板分为暗柱部分模板和连梁节点部分模板，见图 11.38 阴影部分。

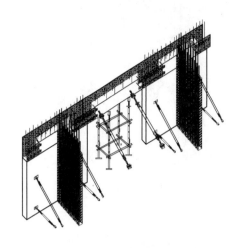

图 11.38　现浇部分模板

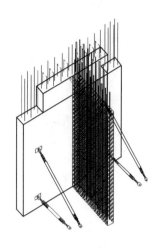

图 11.39　暗柱部分模板

1）暗柱部分模板

施工方法同传统现浇施工，采用厚度≥15mm 的竹夹板制作，墙柱模板设置六道水平对拉螺杆，最底道对拉螺杆距地≤200mm，最上道对拉螺杆距顶≤300mm，其他几道均匀设置。为了防止预制楼板与剪力墙模板交接处漏浆，应在剪力墙模板板底标高处设置木方并粘结海绵条，如图 11.39 所示暗柱部分模板图。为防止漏浆污染 PC 墙板，模板接缝处均应粘贴海绵条。

2）连梁部分模板

由于连梁部分尺寸相同，所以采用钢模或木模板可以多次重复利用，如图 11.40 所示连梁部分模板图，采用两道水平对拉螺杆，距离连梁底部、顶部≤100mm。对拉螺杆的预留位置在构件制作图中准确反映。

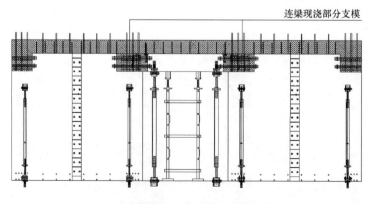

连梁现浇部分支模

图 11.40　连梁部分模板

11.9　混凝土浇筑

1）为使叠合层与预制楼板良好结合，要认真清扫板面，并浇水湿润，对有油污的部位，应将表面凿去一层（深度约 5mm）。在浇灌前要用有压力的水管冲洗湿润，注意不要使浮灰集在压痕内。

2）叠合层混凝土浇筑，由于叠合层厚度较薄，所以应当使用平板振捣器振捣，要尽量使混凝土中的气泡逸出，以保证振捣密实。混凝土坍落度控制在 160～180mm，预制楼板混凝土浇筑应考虑预制楼板受力均匀，可按照先内后外的浇筑顺序。

3）浇水养护，要求保持混凝土湿润养护 7d 以上。

第 12 章　材料与机具设备

本章内容是针对装配式剪力墙结构施工所需的材料与安装机具设备。

12.1　材　料

1. 混凝土、钢筋和钢材

1）混凝土、钢筋和钢材的力学性能和耐久性要求等应符合现行国家标准《混凝土结构设计规范》GB 50010 和《钢结构设计标准》GB 50017 的规定。

2）钢筋的选用应符合现行国家标准《混凝土结构设计规范》GB 50010 的规定。普通钢筋采用套筒灌浆连接时，钢筋应采用热轧带肋钢筋。

3）预制构件的吊环应采用未经冷加工的 HPB300 级钢筋或 Q235B 圆钢制作。吊装用内埋式螺母或吊杆的材料应符合国家现行相关标准及产品应用技术手册的规定。

4）连接用焊接材料、螺栓、锚栓等部件的材料应符合国家现行标准《钢结构设计标准》GB 50017、《钢结构焊接规范》GB 50661 和《钢筋焊接及验收规程》JGJ 18 等的规定。

2. 钢筋连接用灌浆套筒

钢筋套筒灌浆连接接头采用的套筒应符合现行行业标准《钢筋连接用灌浆套筒》JG/T 398 的规定。

1）灌浆套筒出厂时应附有产品合格证。

2）灌浆套筒应与灌浆料匹配使用，采用灌浆套筒连接钢筋接头的抗拉强度应符合现行行业标准《钢筋机械连接技术规程》JGJ 107 中Ⅰ级接头的规定。

3）各类钢灌浆套筒的机械性能、材料性能应符合相关要求。如：屈服强度≥355MPa，抗拉强度≥600MPa，断后伸长率≥16%。

4）在预制剪力墙生产前应当进行钢筋套筒灌浆连接接头的抗拉强度试验，每种规格的连接接头试件数量不应少于 3 个。

3. 钢筋连接用套筒灌浆料

钢筋套筒灌浆连接接头采用的灌浆料应符合现行行业标准《钢筋连接用套筒灌浆料》JG/T 408 的规定。

1）交货时生产厂家应提供产品合格证、使用说明书和产品质量检测报告。

2）套筒灌浆料应按产品使用说明书要求的用水量进行配制。拌合用水应符合现行行业标准《混凝土用水标准》JGJ 63 的规定。

3）套筒灌浆料使用温度不宜低于 5℃。

4）套筒灌浆料的性能要求，包括流动度、抗压强度、竖向膨胀率、氯离子含量、泌水率。各性能要求必须符合表 12.1。

灌浆料性能指标　　　　　　　表 12.1

项　　目		性能指标	试验方法标准
流动度(mm)	初始值	≥200	《水泥基灌浆材料应用技术规程》 GB/T 50448
	30min 保留值	≥150	
竖向膨胀率(%)	3h	≥0.02	《水泥基灌浆材料应用技术规程》 GB/T 50448
	24h 与 3h 的膨胀率之差	0.02～0.5	
抗压强度(MPa)	1d	≥25	《水泥基灌浆材料应用技术规程》 GB/T 50448
	3d	≥45	
	28d	≥70	
氯离子含量(%)		≤0.06	《混凝土外加剂均质性试验方法》 GB/T 8077
泌水率(%)		0	《普通混凝土拌合物性能试验方法标准》 GB/T 50080

4. 其他材料

1）夹心外墙板中内外叶墙体的金属及非金属材料拉结件均应具有规定的承载力、变形和耐久性能，并应经过试验验证。

2）拉结件应满足夹心外墙板的节能设计要求。

3）外墙板接缝处的密封胶应与混凝土具有相容性，以及规定的抗剪切和伸缩变形能力；密封胶尚应具有防霉、防水、防火、耐候等性能；

4）夹心板墙板接缝处填充用保温材料的燃烧性能应满足现行国家标准《建筑材料及制品燃烧性能分级》GB 8624 中 A 级的要求。

5）夹心外墙板中的保温材料，其导热系数不宜大于 0.04W/(m·K)，体积比吸水率不宜大于 0.3%，燃烧性能不应低于现行国家标准《建筑材料及制品燃烧性能分级》GB 8624 中 B2 级的要求。

12.2　机　具　设　备

1. 安装机具设备

预制剪力墙板、连梁、楼板的安装过程需要使用到以下机具：

塔式起重机（符合吊装要求）、可调斜支撑、固定埋件、木方、撬棍、吊具（包括：钢丝绳、钢梁）、卡环、垫片、靠尺。安装机具见图 12.1。

根据《装配式混凝土结构技术规程》JGJ 1 规定，吊装用吊具应按国家现行有关标准的规定进行设计、验算，吊具应根据预制构件形状、尺寸及重量等参数进行配置，吊索水平夹角不宜小于 60°，不应小于 45°；对尺寸较大或形状复杂的预制构件，宜采用有分配梁或分配桁架的吊具。因此，对预制剪力墙以及预制叠合楼板的吊装应当使用吊具。要求吊具制作时，所有零件尺寸以及安装位置的偏差不得大于 2mm，螺栓孔直径不得大于螺栓杆直径 1mm，保证各部件连接紧密。

1）剪力墙吊具设计

剪力墙吊具设计时，应考虑剪力墙的形状、尺寸，尽量考虑一组吊具可以满足不同尺

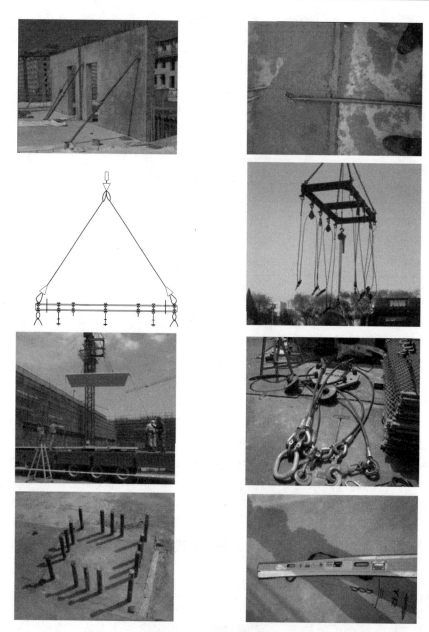

图 12.1　安装机具设备

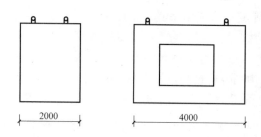

图 12.2　预制剪力墙

寸的剪力墙的吊装。假设有两种尺寸的剪力墙板,如图 12.2 所示,较小构件 2m 长,较大构件 4m 长,这时需要设计的吊具就必须同时满足这两种尺寸的墙板。

吊装用钢丝绳应采用现行国家标准《重要用途钢丝绳》GB 8918 中规定的钢丝绳。

假设,墙板重量取 5t,选定槽钢型号为 20b,截面尺寸为 $h = 200$mm,$b = 75$mm,$d = 9$mm,

$t=11$mm；钢板 1 尺寸为：长 275mm，宽 90mm，厚 15mm；钢板 2 尺寸为：长 400mm，宽 120mm，厚 25mm；所有钢材均为 Q235 钢，依据《钢结构设计规范》厚度＜16mm，抗拉、抗压、抗弯强度设计值 $f=215$N/mm²，抗剪强度设计值 $f_v=125$N/mm²，厚度＞16mm，抗拉、抗压、抗弯强度设计值 $f=205$N/mm²，抗剪强度设计值 $f_v=120$N/mm²；普通螺栓 M24，抗拉强度 $f_t^b=170$N/mm²，抗剪强度 $f_v^b=140$N/mm²。吊装动力系数取 1.5。吊具图见图 12.3 所示。

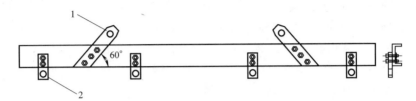

(a) 吊具示意图

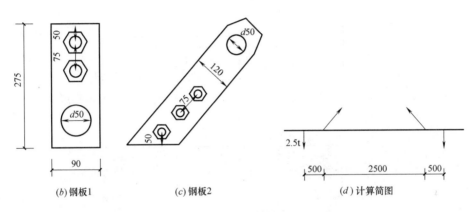

(b) 钢板 1　　　　(c) 钢板 2　　　　(d) 计算简图

图 12.3　吊具
1—钢板 1；2—钢板 2

槽钢 20b 截面模数 $W=191$cm³，截面面积 $A=32.8$cm²

$M=1.5\times2.5t\times50$cm$=187.5$t・cm

$\sigma=M/W=187.5$t・cm $/191$cm³$=98$N/mm²＜215N/mm²　　　　　　　　满足

$\tau=Q/A=2.5$t $/32.8$cm²$=7.6$N/mm²＜125N/mm²　　　　　　　　　　满足

钢板 1　　　$A_1=15$mm×40mm$=600$mm²

$\sigma=N/A_1=1.5\times25000N/600$mm²$=62.5$N/mm²＜215N/mm²　　　　满足

钢板 2　　　$A_1=25$mm×70mm$=1750$mm²

$\sigma=N/A_1=1.5\times29000N/1750$mm²$=25$N/mm²＜215N/mm²　　　　满足

M24 螺栓　$A_m=\pi r^2=3.14\times144=452$mm²

钢板 1 用螺栓：

$\tau=Q/A=1.5\times25000$N$/(2\times452$mm²$)=41.5$N/mm²＜125N/mm²　　满足

钢板 2 用螺栓：

$\tau=Q/A=1.5\times29000$N$/(3\times452$mm²$)=32.1$N/mm²＜125N/mm²　　满足

综上所述，型号20b的槽钢满足上述假定条件的吊装要求。在吊具设计时，还要注意《钢结构设计标准》GB 50017中的要求，例如设计螺栓的中心间距、至边缘距离等。

2）预制楼板吊具设计

设计预制楼板吊具时需要考虑预制楼板尺寸以及吊装形式，如图12.4是考虑提高预制楼板的吊装效率设计的可以一次吊装两块预制楼板的吊具。吊点下采用动滑轮，可以起到自动调平的作用。

假设，一块预制楼板长4000mm，宽2500mm，厚60mm，重量取1.8t，吊具设计可一次吊两块预制楼板取3.6t。选定槽钢型号为20b，截面尺寸为$h=200$mm，$b=75$mm，$d=9$mm，$t=11$mm；角钢尺寸为：长430mm，宽90mm，厚12mm；钢板尺寸为：长310mm，宽90mm，厚12mm；所有钢材均为Q235钢，依据《钢结构设计规范》厚度<16mm，抗拉、抗压、抗弯强度设计值$f=215$N/mm^2，抗剪强度设计值$f_v=125$N/mm^2，厚度>16mm，抗拉、抗压、抗弯强度设计值$f=205$N/mm^2，抗剪强度设计值$f_v=120$N/mm^2；普通螺栓M24，M16。抗拉强度$f_t^b=170$N/mm^2，抗剪强度$f_v^b=140$N/mm^2。吊装动力系数取1.5。

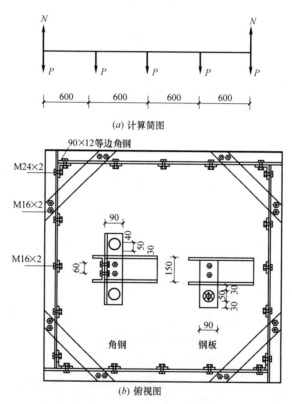

(a) 计算简图

(b) 俯视图

图12.4　专用吊具

槽钢20b截面模数$W=191$cm^3，截面面积$A=32.8$cm^2

$P=1.8$t$\div2\div4=0.225$t

$M=1.5\times0.5PL=1.5\times0.5\times0.225t\times240=40.5t\cdot$cm

$\sigma=M/W=40.5$t$\cdot$cm$/191$cm$^3=21.2$N/mm$^2<215$N/mm^2 　　　　满足

$Q=1.5P$

$\tau=1.5Q/A=1.5\times1.5\times0.225t/32.8cm^2=1.5N/mm^2<125N/mm^2$　　　满足

角钢　　　$A_1=13mm\times40mm=520mm^2$

$\sigma=1.5N/A_1=1.5\times9000N/520mm^2=26N/mm^2<215N/mm^2$　　　满足

钢板　　　$A_1=13mm\times40mm=520mm^2$

$\sigma=1.5N/A_1=1.5\times2250N/520mm^2=6.5N/mm^2<215N/mm^2$　　　满足

M24 螺栓　$A_{m1}=\pi r^2=3.14\times144=452mm^2$

角钢用螺栓：

$\tau=Q/A=1.5\times9000N/(2\times452mm^2)=15N/mm^2<125N/mm^2$　　　满足

M16 螺栓　$A_{m2}=\pi r^2=3.14\times64=201mm^2$

钢板用螺栓：

$\tau=Q/A=1.5\times2250N/(2\times201mm^2)=8.4N/mm^2<125N/mm^2$　　　满足

综上所述，型号 20b 的槽钢满足上述假定条件的吊装要求。在吊具设计时，还要注意《钢结构设计标准》中的要求，例如设计螺栓的中心间距、至边缘距离等。

以上假定计算，是在一定假定条件下进行的，在施工过程中一定要依据实际情况进行设计计算。

2. 灌浆机具设备

灌浆机具设备包括：温度计、圆截锥试模、钢化玻璃、棱柱体模具、量杯、台秤、搅拌桶、搅拌机、电动注浆泵、手动注浆器，见图 12.5。

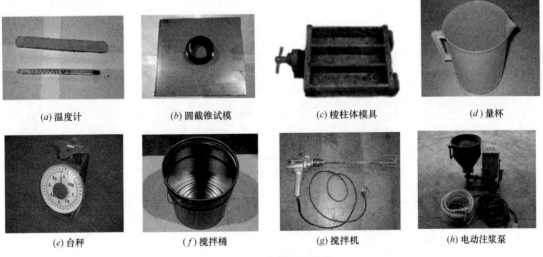

(a) 温度计　　　　(b) 圆截锥试模　　　　(c) 棱柱体模具　　　　(d) 量杯

(e) 台秤　　　　(f) 搅拌桶　　　　(g) 搅拌机　　　　(h) 电动注浆泵

图 12.5　灌浆机具设备

第13章 施工计划

13.1 进度计划

1. 构件进场计划

总包根据甲方工期要求排出构件吊装计划，依据构件吊装计划，要求构件厂排出构件进场计划以及构件生产计划，见图13.1构件进场计划图，假定工期要求5月1日开始构件吊装，在不采取任何措施情况下假设构件需要养护28d，因此，4月2日必须生产完成5月1日需要吊装的所有构件，如果进度拖延，可以考虑采取在混凝土中加入早强剂等措施。

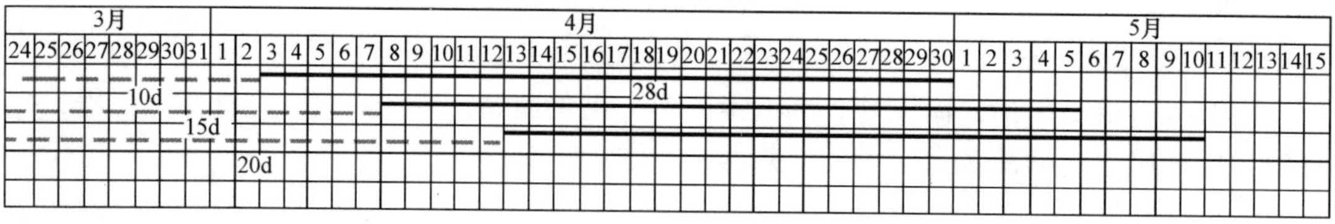

	3月	4月	5月
24 25 26 27 28 29 30 31	1 2 3 4 5 6 7 8 9 10 11 12 13 14 15 16 17 18 19 20 21 22 23 24 25 26 27 28 29 30	1 2 3 4 5 6 7 8 9 10 11 12 13 14 15

10d 15d 20d 28d

图 13.1　构件进场计划

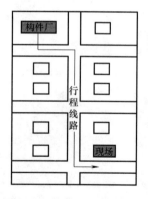

图 13.2　构件运输行车路线

构件进场前，总包单位与构件厂应开会决定每批构件进场的具体时间。如现场在城市的主城区内，需要考虑允许大型车辆的进出道路、时间，确定行车路线，最终形成构件运输行车路线图，见图13.2。构件运输车辆进入施工现场的行车路线与停放位置也应当绘制相应的图。需要考虑到构件运输车辆的回转半径、堆场位置、塔吊位置等因素。

2. 吊装进度计划

现假定一栋单体装配式剪力墙结构工程，长度约38m，宽度约15m，外墙设计为预制剪力墙，内墙为现浇，楼板、楼梯采用预制。

计划标准层工期为6d一层。见图13.3给出了标准层工期图表。

1）第1d上午进行楼板钢筋检查及楼板降板模板工程。13点开始进行 $N-1$ 层混凝土浇筑，混凝土总量约180m³，计划浇筑时间约为7h。20：00点结束。图13.4为混凝土浇筑图。

2）第2d从6点开始进行 N 层的施工测量放线以及监理验线工作，计划用时4h，10点结束。如图13.5所示，放出轴线、轮廓线，要求所放墨线宽度不宜超过1mm。

3）7点开始进行预制剪力墙吊装前的准备工作，包括吊具检查、支撑预埋件检查、钢筋位置确认调整工作，计划用时3h，10点结束，吊装前检查图见图13.6。

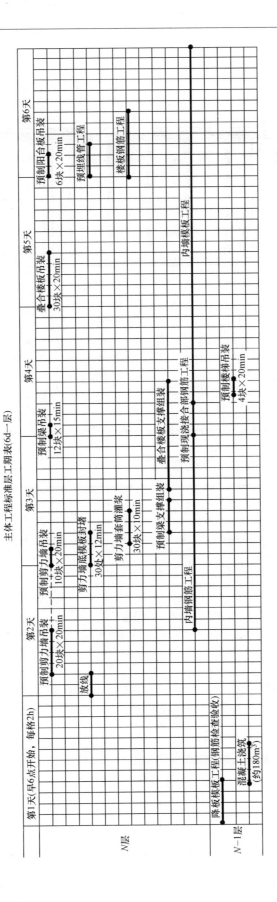

图 13.3　标准层工期表

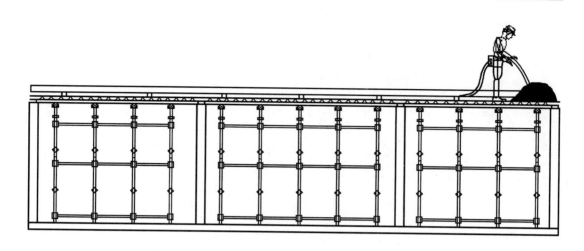

图 13.4　混凝土浇筑

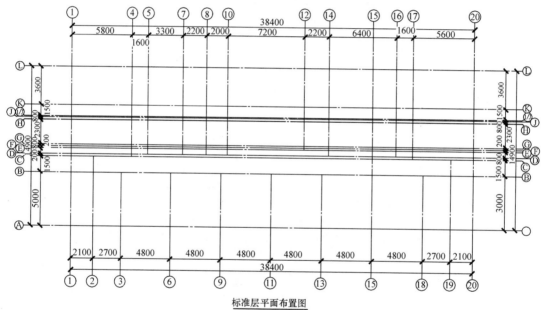

标准层平面布置图

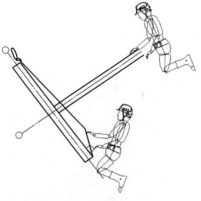

图 13.5　施工测量放线

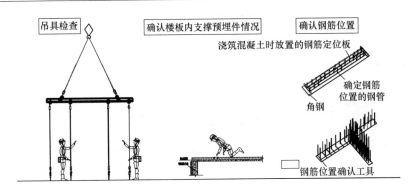

图 13.6 吊装前检查

4）第 2d 10 点开始进行预制剪力墙吊装工作，预制剪力墙墙板的吊装如图 13.7 所示，每块预制剪力墙吊装计划用时 20min，共 30 块墙板，合计 10h，19 点结束。如果未完成可以考虑在第 3d 6 点到 9 点进行吊装；图 13.8 所示为每两小时预制剪力墙板吊装完成情况的平面图。

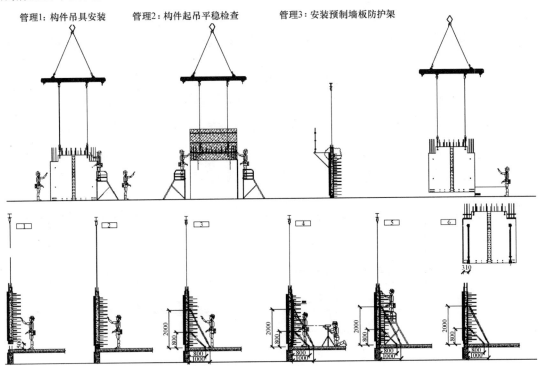

图 13.7 预制剪力墙吊装

预制剪力墙外墙吊装的同时，内墙钢筋进行绑扎工作。

5）第 3d 6 点开始进行预制剪力墙底模板封堵工作，每块预制剪力墙墙板封堵计划用时 8min，共 30 块，共需 4h，10 点完成。第 3d 13 点开始预制梁支撑组装，18 点结束。

6）第 3d 10 点开始进行预制剪力墙套筒灌浆工作，预制剪力墙墙板的灌浆如图 13.9 所示，每块预制剪力墙灌浆计划用时 12min，共 30 块墙板，共需 6h，17 点完成。

7）预制现浇结合部钢筋绑扎，可在不影响灌浆工作时进行。

8）第 4d 6 点开始进行预制楼板支撑的组装及板底抄平工作，如图 13.10、图 13.11 所示，计划用时 6h，12 点完成。同时，进行内墙模板合模工作。第 4d 6 点进行预制梁吊装工作，每块预制梁吊装计划用时 15min，共 12 块梁，9 点吊装完成；第 4d 13 点开始进行预制楼梯的吊装工作，每块预制楼梯吊装计划用时 20min，共 4 块，15 点完成。

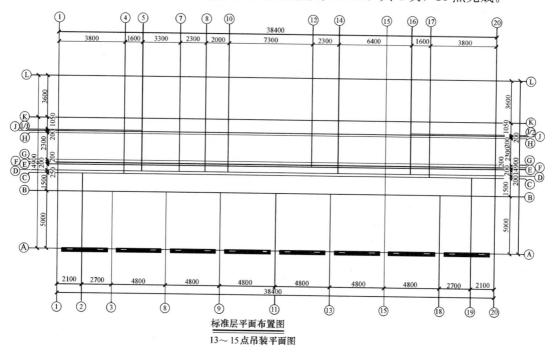

标准层平面布置图
13～15 点吊装平面图

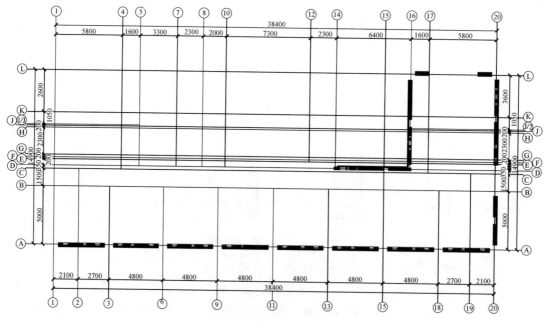

标准层平面布置图
15～17 点吊装平面图

图 13.8　不同时间段吊装（一）

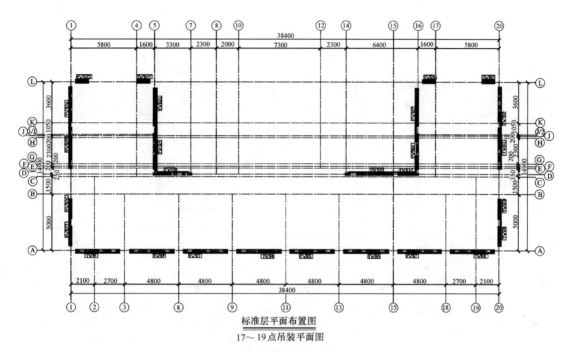

标准层平面布置图
17～19点吊装平面图

图 13.8　不同时间段吊装（二）

图 13.9　预制剪力墙灌浆

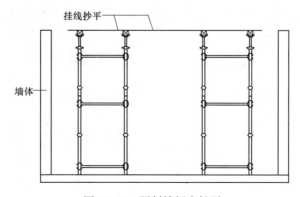

图 13.10　预制楼板底抄平

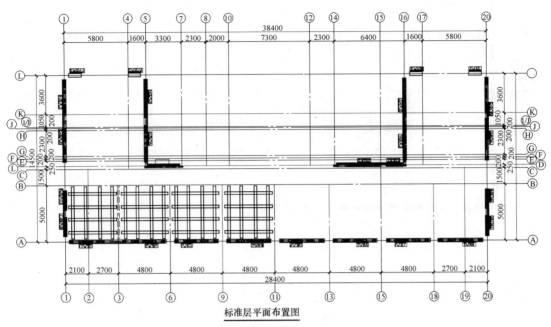

标准层平面布置图

6～8点预制楼板支撑布置平面图

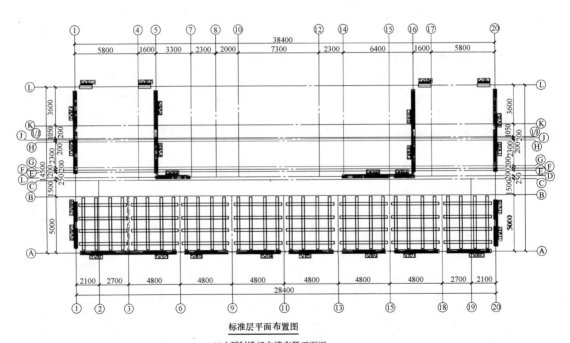

标准层平面布置图

8～10点预制楼板支撑布置平面图

图 13.11　不同时间段支撑布置（一）

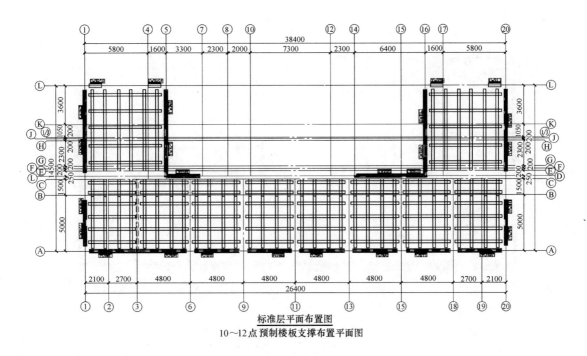

标准层平面布置图
10～12点预制楼板支撑布置平面图

图 13.11 不同时间段支撑布置（二）

9）第 5d 6 点开始进行预制楼板吊装工作，如图 13.12、图 13.13 所示，每块预制楼板吊装计划用时 20min，共 30 块预制楼板，共需 10h，17 点完成。

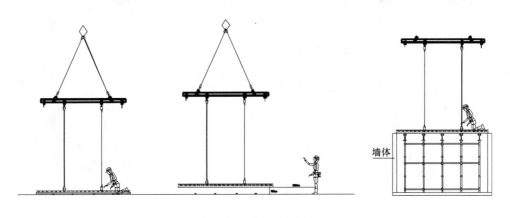

图 13.12 预制楼板吊装

10）第 6d 6 点开始进行预制阳台板吊装以及预制楼板上部钢筋绑扎、以及线管预埋工作，计划 18 点完成。

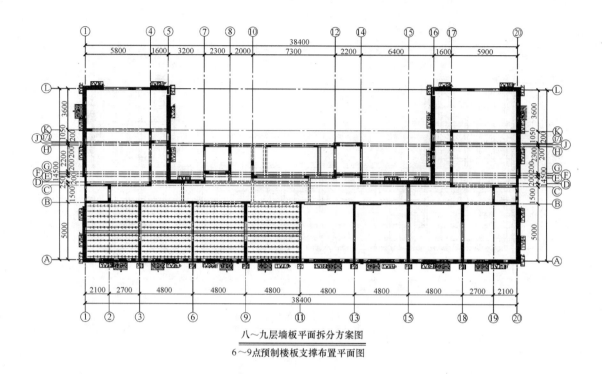

八～九层墙板平面拆分方案图
6～9点预制楼板支撑布置平面图

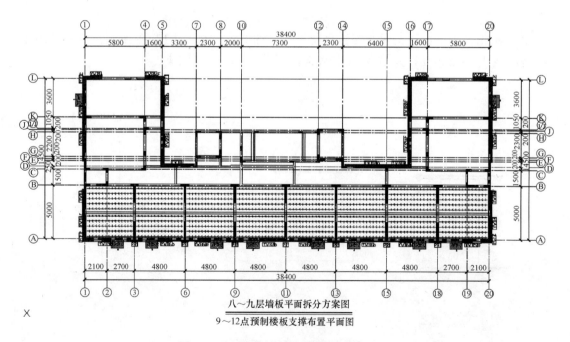

八～九层墙板平面拆分方案图
9～12点预制楼板支撑布置平面图

图 13.13　不同时间段预制楼板支撑（一）

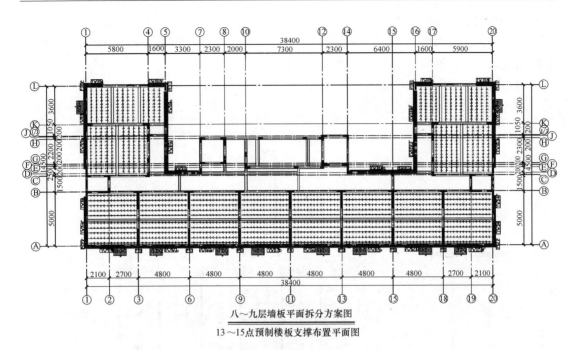

八～九层墙板平面拆分方案图

13～15点预制楼板支撑布置平面图

图 13.13　不同时间段预制楼板支撑（二）

13.2　人员计划

1. 预制剪力墙吊装人员数量

在构件堆场共需要 3 人，其中信号工 1 人，安装工 2 人。在施工操作面共需要 3 人，其中指挥人 1 人，安装工 2 人。如图 13.14 所示。

综上所述，预制剪力墙吊装共需要 6 人。

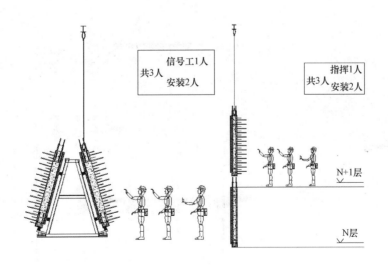

图 13.14　预制剪力墙吊装人数

2. 预制连梁吊装人员数量

在构件堆场共需要 3 人，其中信号工 1 人，安装工 2 人。在施工操作面共需要 3 人，其中指挥人 1 人，安装工 2 人。如图 13.15 所示。

综上所述，预制连梁吊装共需要 6 人。

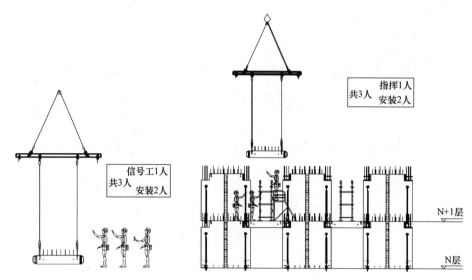

图 13.15 预制连梁吊装人数

3. 预制楼板吊装人员数量

在构件堆场共需要 3 人，其中信号工 1 人，安装工 2 人。在施工操作面共需要 3 人，其中指挥人 1 人，安装工 2 人。如图 13.16 所示。

综上所述，预制楼板吊装共需要 6 人。

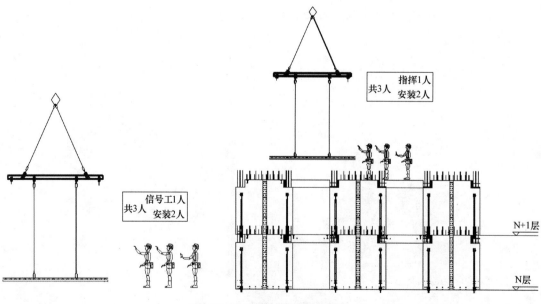

图 13.16 预制楼板吊装人数

13.3　支　撑　计　划

1. 预制楼板支撑计划

预制楼板支撑的设置应考虑楼板底部支撑木方的布置方向，依据《建筑施工扣件式钢管脚手架安全技术规范》JGJ 130—2011 第 5.4.7 条设置 4 跨的满堂架。如图 13.17 所示为一假定平面图，由两块预制楼板拼接而成，支撑顶部木方应按垂直桁架筋方向设置。同时需要进行计算的内容包括：支撑用木方的抗弯强度、立杆稳定、预制板的挠度。

计算参数取值如下：

取开间为 4800mm，进深为 5000mm 的房间为例。混凝土容重：25kN/m³，楼板厚度：140mm，作业人员、设备自重取 1kN/m²，振捣产生荷载取 2kN/m²，木方的抗弯强度取 15N/mm²，木方截面尺寸取 90mm×150mm。钢管尺寸取：$\phi48\times3.24$（要求壁厚3.6，误差下限 0.36），钢管截面面积为 5.06cm²，回转半径为 1.59cm。

设计立杆纵距、桁架需要考虑房间的开间及进深。

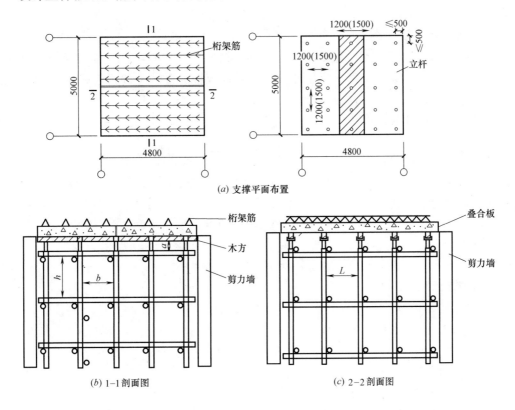

(a) 支撑平面布置

(b) 1-1 剖面图　　　　　　　(c) 2-2 剖面图

图 13.17　预制楼板支撑布置

2. 预制楼板支撑木方抗弯强度计算

如图 13.18 所示，立杆的横距、纵距取 1500mm 进行计算，考虑距墙体边缘的首个垂直桁架筋方向的立杆离墙体距离不

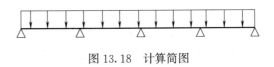

图 13.18　计算简图

大于 500mm。计算简图见图 13.18。

木方抗弯强度计算：

$$f=M/W<[f]$$

立杆横距取 1500mm

永久荷载（线荷载）：

$$25\times1.5\times0.14=5.25kN/m$$

可变荷载（线荷载）：

$$(1+2)\times1.5=4.5kN/m$$

荷载组合：

$$1.2\times5.25+1.4\times4.5=12.6kN/m$$
$$M=0.1ql^2=0.1\times12.6\times1.6^2=3.226kN\cdot m$$
$$W=bh^2/6=90\times150^2/6=337500mm^3$$
$$f=M/W=3.226\times10^6/337500=9.5N/mm^2<[f]=15N/mm^2$$

因此，当木方截面尺寸取 90mm×150mm 时，立杆横、纵间距取 1500mm 符合要求。

3. 预制楼板挠度计算

由支撑用木方抗弯强度计算得出，立杆横、纵间距取 1500mm 符合要求，因此，预制楼板的挠度可按四等跨连续梁简化计算。预制楼板钢筋混凝土的弹性模量按 C30 混凝土弹性模量取值，为 $3\times10^4N/mm^2$。

预制楼板挠度计算：

$$w=0.632\times ql^4/100EI$$

永久荷载（线荷载）：

$$25\times1.5\times0.14=5.25kN/m$$

可变荷载（线荷载）：

$$(1+2)\times1.5=4.5kN/m$$

荷载组合：

$$1.2\times5.25+1.4\times4.5=12.6kN/m$$

叠合板截面惯性矩 I：

$I=bh^3/12=2500\times70^3/12=714.58\times10^5mm^4$

$w=0.632\times ql^4/100EI=0.632\times12.6\times1500^4/(100\times3\times10^4\times714.58\times10^5)=0.19mm$

$$0.19mm<l/150=1500/150=10mm$$

因此，立杆横、纵间距 1500mm 符合要求。

4. 预制楼板支撑立杆稳定计算

依据《建筑施工扣件式钢管脚手架安全技术规范》JGJ 130 预制楼板支撑立杆稳定计算：

$$N/\psi A\leqslant f$$

考虑立杆纵距、横距、步距为 1200mm×1200mm×1200mm。

钢管尺寸取：$\phi48\times3.24$（要求壁厚 3.6，误差下限 0.36）

永久荷载：

架体自重：$0.25\text{kN/m} \times 2.8\text{m} = 0.7\text{kN}$

混凝土楼板自重：$25\text{kN/m}^3 \times 1.2\text{m} \times 1.2\text{m} \times 0.14\text{m} = 5.04\text{kN}$

可变荷载：

$$(1+2) \times 1.2 \times 1.2 = 4.32\text{kN}$$

计算立杆段的轴向力设计值 N

$$N = 1.2\sum N_{Gk} + 1.4\sum N_{Qk} = 1.2 \times (0.7 + 5.04) + 1.4 \times 4.32 = 12.94\text{kN}$$

满堂支撑架立杆的计算长度应按下式计算，取整体稳定计算结果最不利值：

顶部立杆段：

$$l_0 = k\mu_1(h+2a) = 1.155 \times 1.869(1.2 + 2 \times 0.2) = 3.454$$

图 13.18 工况下，a 取 0.2。

非顶部立杆段：

$$l_0 = k\mu_2 h = 1.155 \times 2.492 \times 1.2 = 3.454$$

$$\lambda = l_0/i = 345.4/1.59 = 217.2 > 210$$

$$N/\Psi A \leqslant f$$

$$12940/(0.154 \times 5060) = 166.06 \leqslant 205\text{N/mm}^2 \qquad 满足要求$$

因此，立杆纵距、横距、步距为 $1.2\text{m} \times 1.2\text{m} \times 1.2\text{m}$。

13.4　起重计划

1. 塔吊布置

起重设备对施工效率的影响大，租赁费用高，因此施工前应考虑充分。

首先，需要掌握主体工程的工期要求，主体工程的形状、规模（高度、面积），以及吊装构件的种类、形状、数量、重量等。其次，掌握塔吊型号参数，相应回转半径的吊装能力。最后，还要注意构件堆场必须在塔吊的吊装能力范围内。

假设：装配整体式剪力墙工程，外墙为预制剪力墙。平面形式为矩形，长 40m，宽 18m；

首先，绘制吊装分析图，见图 13.19，在图上标出外墙板重量。如图外墙板 YQB1 重量 4t。将塔吊的回转半径及相应最大吊装能力绘制到图上。由此，选择适合的塔吊。可以制定多种布置方案。

方案一：在南侧布置一台塔吊 ST1，回转半径 20m 最大吊装能力 6t，回转半径 30m 最大吊装能力 5t，可以满足预制剪力墙吊装要求。

方案二：在东、西各布置一台塔吊 ST2，回转半径 20m 最大吊装能力 5t，可以满足预制剪力墙吊装要求。

将方案一、二对比，方案一采用一台吊装能力大的塔吊 ST1，方案二采用两台吊装能力略小的塔吊 ST2，两方案费用对比，需进一步测算，但是方案二的施工效率明显高于高于方案一。方案二适用于工期短的高层建筑。

因此，在制定起重计划时应考虑工期、主体工程的形状、规模，以及吊装构件的种类、形状、数量、重量，同时还应掌握塔吊型号参数，最后，还要复合堆场内构件堆放位置是否能满足塔吊的吊装范围及吊装能力。

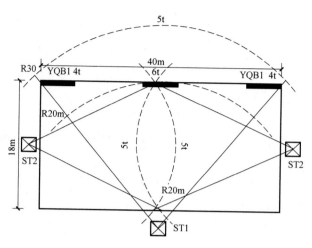

图 13.19　吊装分析图

2. 塔吊使用

在安装预制构件时，要求塔吊可以进行微下落，因此，在选择塔吊时应尽量选择带有点控技术的塔吊。

此外，要求预制构件的吊装必须在白天进行，因此，内部现浇部分所使用的钢筋、模板等吊装任务尽量在夜间进行或者在白天无预制构件吊装任务时进行吊装，具体时间见之前吊装进度计划横道图。

第 14 章　质 量 控 制

14.1　预制构件质量

1）预制构件厂在生产构件前必须编制《预制构件制作说明书》，说明书内容应包括质量管理组织架构、构件生产流程各个阶段质量控制方法、安全管理、检查表等内容。

2）安排监理驻场，依据《制作说明书》进行检查，定期将检查结果反馈给总包及甲方。

3）要求构件在出厂时必须有出厂合格证。

4）预制构件进场检查应按照表 14.1 检查并记录。

预制构件制作检验批质量验收记录表　　　　　　　　　　表 14.1

单位(子单位)工程名称			分部(子分部)工程名称			分项工程名称	预制构件制作
施工单位			项目负责人			检验批容量	
分包单位			分包单位项目负责人			检验批部位	
施工依据					验收依据		

		验收项目			设计要求及规范规定	最小/实际抽样数量	检查记录	检查结果
主控项目	1	构件出厂质量合格证明文件或质量检验记录						
	2	隐蔽工程检查记录和检验合格单						
	3	预埋套筒通透性检查						
	4	外观质量严重缺陷						
	5	预埋件、预留插筋、预埋管线、预留孔、预留洞规格和数量						
	6	钢筋连接套筒抗拉强度检验报告						
一般项目	7	预制构件标识系统						
	8	外观质量一般缺陷						
	9	粗糙面和键槽						
	10 允许偏差 (mm)	外形尺寸	长度	梁、柱、楼板	<12m	±5		
					≥12m 且<18m	±10		
					≥18m	±20		
				墙板(高度)		±4		
				楼梯板		±5		
			宽度	楼板、梁、柱		±5		
				墙板		±4		

续表

一般项目	10 允许偏差（mm）	外形尺寸	厚度	柱、梁、楼板	±5		
				墙板	±3		
			对角线差值	楼板	6		
				墙板	5		
			表面平整度	柱、梁、墙板内表面	5		
				楼板底面、墙板外表面	3		
			侧向弯曲	柱、梁、楼板	$L/750$ 且 $\leqslant 20$		
				墙板	$L/1000$		
			扭翘	楼板	$L/750$		
				墙板	$L/1000$		
		预留孔洞	预留孔、预留洞	中心线位置	5		
				孔洞尺寸、深度	±5		
			预留插筋	中心线位置	3		
				外露长度	±5		
				插筋倾斜	3		
		预埋件	预埋件	预埋套筒	中心线位置	2	
					与混凝土平面高差	0，−5	
					垂直度	3	
				预埋螺栓	中心线位置	5	
					外露长度	+10，−5	
				预埋钢板	中心线位置	5	
					与混凝土平面高差	0，−5	
		键槽		中心线位置	5		
				长度、宽度	±5		
				深度	+10，−5		
施工单位检查结果				专业工长： 项目专业质量检查员： 　　　　　　　　　　　年　月　日			
监理单位验收意见				专业监理工程师： 　　　　　　　　　　　年　月　日			

注：1. L 为构件长度（mm）。

　　2. 检查中心线和孔洞尺寸偏差时，沿纵、横两个方向量测，并取其中偏差较大值。

14.2　预制构件安装质量

1）不得对预制构件进行切割、开洞。

2）在装配式结构施工中，对预制构件上的预埋件应采取保护措施。

3）在工作面上应进行测量放线、设置构件安装定位标志。

4）安装施工前必须检查符合吊装设备及吊具处于安全操作状态。

5）装配式结构施工前，选择有代表性的单元板块进行预制构件试安装，并根据试安装结果及时调整完善施工方案和施工工艺。

6）按楼层、结构缝或施工段划分检验批。在同一检验批内，对梁、柱应抽查构件数量的10%，且不应少于3件；对墙板和楼板，应按有代表性的自然间抽查10%，且不应少于3间；对大空间结构，墙可按相邻轴线间高度5m左右划分检查面，板可按纵、横轴线划分检查面，抽查10%，且均不应少于3面。预制构件安装检查应按照表14.2检查并记录。

预制构件安装检验批质量验收记录表 表14.2

单位(子单位) 工程名称		分部(子分部) 工程名称		分项工程名称	预制构件制作
施工单位		项目负责人		检验批容量	
分包单位		分包单位 项目负责人		检验批部位	
施工依据			验收依据		

		验收项目	设计要求及 规范规定		最小/实际 抽样数量	检查记录	检查结果
主控项目	1	吊装、临时支撑和固定措施					
	2	外观质量严重缺陷					
	3	外观质量一般缺陷					
一般项目	4		允许偏差(mm)				
		构件轴线位置	竖向构件(柱、墙板)		5		
			水平构件(梁、楼板)		8		
		标高	梁、板底面或顶面		±5		
			柱、墙板顶面		±3		
		构件垂直度	构件高度	≤6m	5		
			楼板、墙板	>6m	$L/500$ 且≤10		
		构件倾斜度	梁		5		
		相邻构件平整度	梁、楼板底面	外露	3		
			墙板	不外露	5		
			柱、墙板表面	外露	5		
			楼板底面、墙板外表面	不外露	8		
		构件搁置长度	楼板		±5		
			梁		±10		
		外墙板板缝	板缝宽度		±5		
			通常缝直线度		5		
			接缝高差		3		
	5	接缝部位防水构造	做法是否符合设计要求				
施工单位检查结果			专业工长： 项目专业质量检查员： 　　　　　　　　年　月　日				
监理单位验收意见			专业监理工程师： 　　　　　　　　年　月　日				

注：1. L 为构件长度（mm）。

2. 检查中心线和孔洞尺寸偏差时，沿纵、横两个方向量测，并取其中偏差较大值。

14.3 套筒灌浆质量

1）灌浆端未进行连接的套筒灌浆连接接头，同一规格钢筋、同一规格套筒按照每1000个灌浆套筒连接接头，应采用预制构件厂提供的与现场预制构件同一批次采购的套筒中随机抽取3个，在灌浆施工过程中，制作3个相同灌浆工艺的钢筋套筒对中连接接头平行试件，且不超过3个自然层范围。平行接头试件应在标准养护条件下养护28d，并进行抗拉强度检验，检验结果应符合《钢筋套筒灌浆连接应用技术规程》JGJ 355 第3.2.2条的相关规定。经检验合格后，方可进行灌浆作业。

2）预制剪力墙底部灌浆缝，其厚度不应大于20mm。

3）灌浆施工时环境温度不应低于5℃；当连接部位养护温度低于10℃时，应采取加热保温措施。

4）灌浆操作全过程有专职检验人员负责旁站监督并及时形成施工质量检查记录。

5）灌浆料和水的用水量必须严格按照产品使用说明书，每次拌制的灌浆料拌合物应进行流动度的检测，且流动度应满足本规程的规定。

6）灌浆作业应采取压浆法从下口灌注，当浆料从上口均匀流出后及时封堵。

7）构件连接部位后浇混凝土及灌浆料的强度达到设计要求后，方可拆除临时固定措施。

8）灌浆料拌合物应在制备后30min（合理的时间内）使用完毕。

9）灌浆料每层为一个检验批；每工作班应制作一组且每检验批不应少于三组40mm×40mm×160mm 长方体试块，标准养护28d后进行抗压强度试验。

10）以往灌浆施工过程中存在灌浆料收缩问题，为解决灌浆料收缩问题，可以在预制剪力墙构件中设置灌浆收缩补偿管。如图14.1所示。

11）外墙板水平拼缝防水构造要严格按照图纸要求施工，图14.2为双重防水构造图。

12）套筒灌浆检查应按照表14.3检查并记录。

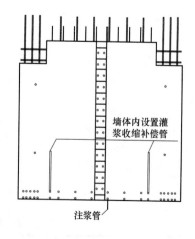

图14.1 预制叠合楼板构件吊装人数

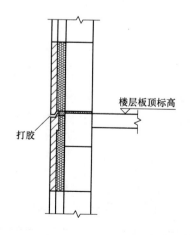

图14.2 预制叠合楼板构件吊装人数

连接部位灌浆检验批质量验收记录表　　　　　表 14.3

单位(子单位) 工程名称			分部(子分部) 工程名称		分项工程名称	连接部位灌浆
施工单位			项目负责人		检验批容量	
分包单位			分包单位 项目负责人		检验批部位	
施工依据				验收依据		

		验收项目	设计要求及 规范规定	最小/实际 抽样数量	检查记录	检查结果
主控项目	1	套筒和灌浆部位的灌浆记录	灌浆应饱满、密实,所有出浆口均应出浆			
	2	灌浆料试件强度检验报告	抗压强度应符合设计要求和《钢筋连接用套筒灌浆料》JC/T 408 的要求			
	3	连接接头平行试件抗拉强度检验报告	平行试件的抗拉强度应符合《钢筋套筒灌浆连接应用技术规程》JGJ 355 第 3.2.2 条的相关规定			

施工单位检查结果	专业工长: 项目专业质量检查员: 　　　　　　　　　　　　年　月　日
监理单位验收意见	专业监理工程师: 　　　　　　　　　　　　年　月　日

第15章 安全措施及其他预备预案

15.1 安全措施

装配式结构施工，构件质量大，高空作业多，必须注意施工安全。

1) 安装作业人员必须经过装配式建筑工程安全生产培训教育方可上岗，同时要做好培训教育记录。

2) 安装作业前应对全体施工人员进行详细的安全技术交底。

3) 安装作业开始前，对安装作业区做出明显的标识，拉警戒线并派专人看管，严禁与安装作业无关的人员进入。

4) 吊装作业人员必须佩戴安全帽，在高空作业和移动时，必须系牢安全带。

5) 安装预制构件时，下方禁止站人，必须待吊物降落离地 1m 以内，方准靠近，就位固定后，方可摘钩。

6) 安装预制剪力墙板时，如需调整墙板下的垫片，必须先用木方垫在墙板下，方可用手调整。

7) 预制楼板的吊装必须使用缆风绳，严禁徒手操作。

8) 大雨、雾、6级以上大风等恶劣天气应停止吊装作业。

9) 需要焊接作业，必须进行动火审批。

15.2 其他预备预案

为确保装配式剪力墙结构工程安全、优质、有序的进行，制定相应的质量安全预案。

1. 易出现的安装质量问题

根据装配式剪力墙结构工程的特点，易出现的问题有预制构件破损变形无法达到安装要求、预制剪力墙吊装完毕套筒钢筋误差大无法满足灌浆要求等。

1) 预制构件破损变形无法达到安装要求的措施

(1) 在预制构件制作前，依据构件种类预制剪力墙、预制梁、预制楼板，要求预制构件工厂按照相应种类构件提前备份。由于预制叠合板数量多、易破碎变形，这里以预制楼板为例，每层进场的配筋、尺寸完全相同预制楼板数量超过 10 块的，必须提供 1 块备份，以免发生破损变形无法安装影响施工；

(2) 预制剪力墙、预制梁的备份数量依据具体项目而定。

2) 发生预制剪力墙吊装完毕套筒钢筋误差大无法满足灌浆要求的措施

(1) 当预制剪力墙吊装完毕，发现竖向套筒连接钢筋过长（大于 5mm），无法安装下层预制剪力墙，可以使用无齿锯进行切割；

(2) 当预制剪力墙吊装完毕，发现竖向套筒连接钢筋过短（小于 5mm），无法满足规范要求，可以进行焊接或植筋，具体方案视情况而定；

（3）个别钢筋偏位过大，无法插入套筒，可采用深钻孔对钢筋纠偏，当偏位无法纠偏时，对局部钢筋采用切割，重新校正位置进行植筋。

3）部分灌浆孔在灌浆过程中不出浆的处理措施

（1）加强事前检查，对每一个套筒进行通透性检查，避免此类事件发生；

（2）对于前几个套筒不出浆，应立即停止灌浆，墙板重新起吊到存放场地，立即进行冲洗处理，检查原因并返厂修理；

（3）对于最后 1～2 个套筒不出浆，可持续灌浆，灌浆完成后对局部 1～2 根钢筋位置进行钢筋焊接或其他方式处理；

4）部分墙板构件安装误差过大，水平构件支撑标高不统一。

（1）调整支撑系统的标高，但是误差最大不超过 10mm；

（2）在下一层水平拼缝 20mm 进行调解处理，水平拼缝一般不小于 15mm，不应小于 10mm，此时应保证水平灌浆部位的灌浆质量。

2. 易发生的安装安全问题

主要有车辆、吊具系统、钢丝绳等。

1）运输车辆的安全问题

（1）车辆进入现场后；必须停在平坦长度，车辆熄火后，必须及时进行前后轮固定防止溜车；

（2）注意构件吊装顺序，防止由于构件吊装顺序不当倒车车辆倾覆。

2）吊具系统、钢丝绳安全问题

（1）每天早上必须检查吊具系统、钢丝绳的磨损、断丝情况；

（2）自制的吊具系统必须经过加载试验或对预制构件进行试吊装，试吊装的重量不能低于构件重量的 2 倍。

附录 A

ICS 91.080.40
CCS P25

辽 宁 省 地 方 标 准 **DB21**

DB21/T 2572—2019
备案号 J 13407—2019

装配式混凝土结构设计规程

Specification for design of precast concrete structures

2019 - 01 - 30 发布　　　　　　　　　　　2019 - 03 - 01 实施

辽 宁 省 住 房 和 城 乡 建 设 厅
辽 宁 省 市 场 监 督 管 理 局　　联合发布

前　　言

原辽宁省地方标准《装配式混凝土结构设计规程》DB21/T 2572—2016 自 2016 年 5 月 16 日实施，在近两年的装配式混凝结构设计工程实践中，根据设计、施工单位陆续反馈的意见，部分章节内容需修订，新国家标准《装配式混凝土建筑技术标准》GB/T 51231—2016 于 2017 年 6 月 1 日开始实施。为与最新国家标准保持一致，并解决辽宁省在装配式混凝土结构工程实践中遇到的问题，根据辽宁省住房和城乡建设厅《关于印发 2018 年度辽宁省工程建设地方标准编制/修订计划的通知》（辽住建科〔2018〕6 号）的要求，由沈阳建筑大学会同有关单位对《装配式混凝土结构设计规程》DB21/T 2572—2016（J13407—2016）进行修订。

在规程修订过程中，编制组广泛调查研究，认真总结实践经验，参考相关国家标准和其他省市地方标准，经充分讨论和广泛征求设计、施工、生产、监理、建设、科研院所等单位意见和建议的基础上修订完成。

本规程共有 10 章 4 个附录，主要技术内容包括：总则、术语和符号、基本规定、材料、建筑设计、结构设计基本规定、框架结构设计、剪力墙结构设计、多层墙板结构设计、外挂墙板设计。

本次修订的主要技术内容：

1. 增加了各专业设计协同、技术策划和 BIM 技术应用条款；
2. 修改了浆锚搭接连接灌浆料的强度指标要求；
3. 建筑设计章节按照模数协调、标准化设计、集成化设计重新编写；
4. 修改了装配式混凝土结构最大适用高度的部分条款；
5. 修改了框架、剪力墙结构宜采用现浇部分的条款；
6. 明确了钢筋灌浆套筒连接的套筒、灌浆料应与型式检验报告相一致；
7. 修改了预制构件脱模验算的荷载取值；
8. 修改了叠合楼板板底不伸出胡子钢筋连接构造及规定；
9. 修改了双向叠合板钢筋连接构造；
10. 修改了预制楼梯连接构造条款部分内容；
11. 修改了预制柱的适合最小尺寸要求；
12. 修改了剪力墙边缘构件现浇、预制的连接构造要求，修改了现浇段适合的最小尺寸要求；
13. 修改了约束浆锚搭接连接的构造要求；
14. 多层结构修改为多层墙板结构，取消了多层框架章节；
15. 增加了预制构件深化设计文件的基本要求；
16. 修改了双面叠合剪力墙结构设计的相关规定和连接构造。

本规程由辽宁省住房和城乡建设厅负责管理，沈阳建筑大学负责具体技术内容的解释。在执行过程中如有意见或建议，请寄送沈阳建筑大学（地址：沈阳市浑南区浑南东路 9 号，邮编：110168，联系电话：024-24691800）。

主 编 部 门：沈阳市城乡建设委员会
主 编 单 位：沈阳建筑大学
　　　　　　中建铁路投资建设集团有限公司
参 编 单 位：中国建筑东北设计研究院有限公司
　　　　　　沈阳市建筑设计研究院
　　　　　　上海原构设计咨询有限公司
　　　　　　亚泰集团沈阳现代建筑工业有限公司
　　　　　　沈阳卫德科技集团有限公司
　　　　　　中国建筑第八工程局有限公司
　　　　　　中国建筑上海设计研究院有限公司
　　　　　　沈阳天华建筑设计有限公司
　　　　　　沈阳市华域建筑设计有限公司
　　　　　　东北大学建筑设计院有限公司
　　　　　　沈阳新大陆建筑设计有限公司
　　　　　　沈阳万融现代建筑产业有限公司
　　　　　　沈阳北方建设股份有限公司
　　　　　　吉林亚泰建筑工程有限公司
　　　　　　青岛理工大学
　　　　　　沈阳亚泰金安房地产开发有限公司
　　　　　　沈阳市美的房地产开发有限公司
　　　　　　沈阳市城市基础设施建设投资发展有限公司
　　　　　　沈阳地铁房地产开发有限公司
主要起草人：刘海成　刘　明　居理宏　雷云霞　姜　雷　董启灏　陈　勇　贾旭平
　　　　　　王为宏　颜万军　梁贵才　郑　勇　李爱国　曾　升　张贺涛　姚大鹏
　　　　　　佟兴龙　万　超　符宇欣　周光毅　韩冬阳　高　诺　杨　林　杜明辉
　　　　　　孙　丽　范雪梅　孙广波　邢振华　白　羽　张福波　向春兵　任明昕
　　　　　　张　驰　杨　健　武凯华　高　岩　梁雪松　张　诚　张春巍　张　波
　　　　　　姜鸿炜　朱春阳　金　峤　朱天志　王建超　陈　龙　李红旺　宋立娜
　　　　　　梁　峰　任海东　宋　军　张成均　叶友林　张立国　帅　涛　郑　旭
　　　　　　吴金国　王　英　董天泽　王　子　沈俊杰　武祥东　任中璨
主要审查人：李庆钢　刘德良　邵筱梅　王东辉　张春光

124

目　次

1 总 则

1.0.1 为加快装配式混凝土结构技术的推广应用，促进辽宁省建筑产业现代化发展，在装配式混凝土结构的设计中贯彻执行国家的技术经济政策，按照适用、经济、安全、绿色、美观的要求，全面提高装配式混凝土结构的环境效益、社会效益和经济效益，制定本规程。

1.0.2 本规程适用于辽宁省抗震设防烈度为 6 度至 8 度的民用建筑装配式混凝土结构设计。

1.0.3 装配式混凝土结构宜采用建筑信息模型（BIM）技术，进行建筑、结构、机电设备、室内装修一体化设计。

1.0.4 装配式混凝土结构的设计除应符合本规程外，尚应符合现行国家和地方有关标准的规定。

2 术语和符号

2.1 术 语

2.1.1 装配式建筑 assembled building

由预制部品部件在工地装配而成的建筑。

2.1.2 预制混凝土构件 precast concrete component

在工厂或现场预先制作的混凝土构件。简称预制构件。

2.1.3 装配式混凝土结构 precast concrete structure

由预制混凝土构件通过可靠的连接方式装配而成的混凝土结构。

2.1.4 装配整体式混凝土结构 monolithic precast concrete structure

由预制混凝土构件或部件通过可靠的方式进行连接并与现场后浇混凝土、水泥基灌浆料形成整体的装配式混凝土结构。简称装配整体式结构。

2.1.5 双面叠合墙板 douple superimposed slab concrete shear wall

由两层预制混凝土薄板通过格构钢筋连接制作而成的预制混凝土墙板，经现场安装就位并可靠连接后，在两层薄板中间浇筑混凝土而形成的装配整体式预制混凝土墙板。

2.1.6 双面叠合剪力墙结构 superimposed slab concrete shear wall structure

由双面叠合墙板和叠合楼板，辅以必要的现浇混凝土剪力墙、边缘构件、梁、板，共同形成的剪力墙结构，其为装配整体式混凝土剪力墙结构的一种。简称双面叠合剪力墙结构。

2.1.7 多层装配式墙板结构 multi-story precast concrete wall panel structure

全部或部分墙体采用预制墙板构建成的多层装配式混凝土结构

2.1.8 钢筋套筒灌浆连接 rebar splicing by grout-filled coupling sleeve

在金属套筒中插入单根带肋钢筋并注入灌浆料拌合物，通过拌合物硬化形成整体并实现传力的钢筋对接连接方式。

2.1.9　钢筋浆锚搭接连接　rebar lapping in grout-filled hole

在预制混凝土构件中预留孔道，在孔道中插入需搭接的钢筋，并灌注水泥基灌浆料而实现的钢筋搭接连接方式。

2.1.10　混凝土粗糙面　concrete rough surface

预制构件结合面上凹凸不平或骨料显露的表面。简称粗糙面。

2.1.11　预制混凝土夹心保温外墙板　precast concrete sandwich facade panel

在工厂或现场制作，由内外叶混凝土墙和中间保温层组成，主要包括预制夹心剪力墙板和预制夹心外挂墙板。预制夹心剪力墙板内叶墙为具有承重作用的剪力墙，起围护作用的外叶墙通过拉结件与承重的内叶墙板相连。

2.1.12　预制外挂墙板　precast concrete facade panel

安装在主体结构上，起围护、装饰作用的非承重预制混凝土外墙板。简称外挂墙板。

2.1.13　湿式连接　wet connection

采用套筒灌浆连接、浆锚搭接连接、机械连接或焊接等方式连接预制构件间主要纵向受力钢筋，用后浇混凝土或灌浆来填充拼接缝隙的一种连接方法。

2.1.14　干式连接　dry connection

预制构件间连接不属于湿式连接的一种连接方法，一般采用螺栓连接或预埋件焊接。

2.1.15　强连接　strong connection

结构在地震作用下达到最大侧向位移时，结构构件进入塑性状态，而连接部位仍保持弹性状态的连接。

2.1.16　延性连接　ductile connection

结构在地震作用下达到最大侧向位移时，连接部位可以进入塑性状态的连接。

2.2　主要符号

2.2.1　材料性能

f_c——混凝土轴心抗压强度设计值；

f_y——普通钢筋的抗拉强度设计值；

f_{yv}——横向钢筋抗拉强度设计值。

2.2.2　作用、作用效应及承载力

F_{Ehk}——施加于外挂墙板重心处的水平地震作用标准值；

N——轴向力设计值；

S——荷载效应组合设计值；

S_{Eh}——水平地震作用组合的效应设计值；

S_{Ev}——竖向地震作用组合的效应设计值；

S_{Ehk}——水平地震作用组合的效应标准值；

S_{Evk}——竖向地震作用组合的效应标准值；

S_{Gk}——永久荷载效应标准值；

S_{wk}——风荷载效应标准值；

V_{jd}——持久设计状况下接缝剪力设计值；

V_{jdE}——地震设计状况下接缝剪力设计值；

V_{mua}——被连接构件端部按实配钢筋面积计算的斜截面受剪承载力设计值；

V_u——持久设计状况下接缝受剪承载力设计值；

V_{uE}——地震设计状况下接缝受剪承载力设计值；

γ_{Eh}——水平地震作用分项系数；

γ_{Ev}——竖向地震作用分项系数；

γ_G——永久荷载分项系数；

γ_w——风荷载分项系数。

2.2.3 几何参数

B——建筑平面宽度；

L——建筑平面长度。

2.2.4 计算系数及其他

α_{max}——水平地震作用影响系数最大值；

γ_{RE}——承载力抗震调整系数；

γ_0——结构重要性系数；

η_j——接缝受剪承载力增大系数；

ψ_w——风荷载组合系数。

3 基 本 规 定

3.0.1 装配式建筑应采用系统集成的方法统筹设计、生产运输、施工安装，实现全过程的协同。

3.0.2 装配式建筑设计应按照通用化、模数化、标准化的要求，在满足建筑功能和结构安全的前提下，确定建筑平立面的基本构成单元，遵循少规格、多组合的原则，实现建筑及部品部件的系列化和多样化。

3.0.3 装配式建筑的规划、设计、制作、运输、施工、竣工交付及运营维护管理等过程宜采用建筑信息模型（BIM）技术，实现全专业、全过程的信息化管理。

3.0.4 装配式建筑应进行技术策划，对技术选型、技术经济可行性和可建造性进行评估，并应科学合理地确定建造目标与技术实施方案。

3.0.5 装配式混凝土结构设计应符合现行国家标准《装配式混凝土建筑技术标准》GB/T 51231 和《装配式混凝土结构技术规程》JGJ 1 的有关规定，并应符合下列要求：

1 应重视概念设计和预制构件的连接设计；

2 应采取有效措施加强预制构件之间的连接，加强结构的连续性和整体性；必要时，应进行防连续倒塌设计；

3 装配式混凝土结构宜采用高强混凝土、高强钢筋；

4 装配式混凝土结构的节点和接缝应受力明确、构造可靠，并应满足承载力、延性和耐久性等要求；

5 应根据连接节点和接缝的构造方式和性能，确定结构的整体计算模型；

6 对各类预制构件及其连接，应按各种设计状况进行设计；

7 预制构件和连接件的设计，应考虑制作、施工、使用过程中所有的荷载条件和约束条件。

3.0.6 装配式混凝土结构中，预制构件的连接部位宜设置在结构受力较小的部位，其尺寸、形式及结构性能应符合下列规定：

    1 应满足建筑使用功能、模数、标准化要求；

    2 应根据预制构件的功能和安装部位、加工制作及施工精度等要求，确定合理的公差；

    3 应满足制作、运输、存放、安装及质量控制的要求；

    4 高层装配整体式结构控制区域的接缝应采用强连接；其他区域的接缝可采用延性连接。

3.0.7 对新型的装配式结构、构件或连接节点，应进行专门的技术论证。

3.0.8 装配式混凝土结构预制构件深化设计文件应满足预制构件从制作到安装的全过程技术要求，并符合本规程附录 A 的规定。

4 材 料

4.1 混凝土、钢筋和钢材

4.1.1 混凝土、钢筋和钢材的力学性能指标和耐久性要求等均应符合现行国家标准《混凝土结构设计规范》GB 50010 和《钢结构设计标准》GB 50017 的规定；抗震设计的装配式混凝土结构，其结构材料尚应符合现行国家标准《建筑抗震设计规范》GB 50011 的规定。

4.1.2 装配式混凝土结构中，预制构件的混凝土强度等级不宜低于 C30；预应力混凝土预制构件的混凝土强度等级不宜低于 C40，且不应低于 C30；现浇混凝土的强度等级不应低于 C25；预制轻质隔墙板的混凝土强度等级不宜低于 LC7.5。

4.1.3 钢筋的选用应符合现行国家标准《建筑抗震设计规范》GB 50011 和《混凝土结构设计规范》GB 50010 的规定。普通钢筋采用套筒灌浆连接和浆锚搭接连接时，钢筋应采用热轧带肋钢筋。

4.1.4 预制构件中采用的钢筋焊接网应符合现行行业标准《钢筋焊接网混凝土结构技术规程》JGJ 114 的规定。

4.1.5 预制构件的吊环，应采用 HPB300 钢筋或 Q235B 圆钢制作；用于吊环的 Q235B 圆钢其材料性能应符合现行国家标准《碳素结构钢》GB/T 700 的规定。

4.1.6 预制构件脱模、翻转、吊装及临时支撑用内埋式螺母或内埋式吊杆及配套的吊具，应根据相应的产品标准选用，并符合国家现行相关标准的规定。

4.2 连 接 材 料

4.2.1 钢筋套筒灌浆连接接头采用的套筒，应符合现行行业标准《钢筋连接用灌浆套筒》JG/T 398 的规定。

4.2.2 钢筋套筒灌浆连接接头采用的灌浆料，应符合现行行业标准《钢筋连接用套筒灌浆料》JG/T 408 的规定。

4.2.3 钢筋浆锚搭接连接接头应采用水泥基灌浆料，其性能应满足表 4.2.3 的要求。

表 4.2.3 钢筋浆锚搭接连接接头用灌浆料性能要求

项　　　　目		性能指标	试验方法标准
泌水率（%）		0	《普通混凝土拌合物性能试验方法标准》GB/T 50080
流动度（mm）	初始值	≥200	《水泥基灌浆材料应用技术规程》GB/T 50448
	30min 保留值	≥150	
竖向膨胀率（%）	3h	≥0.02	《水泥基灌浆材料应用技术规程》GB/T 50448
	24h 与 3h 的膨胀率之差	0.02～0.5	
抗压强度（MPa）	1d	≥35	《水泥基灌浆材料应用技术规程》GB/T 50448
	3d	≥55	
	28d	≥80	
氯离子含量（%）		≤0.06	《混凝土外加剂均质性试验方法》GB/T 8077

4.2.4 钢筋浆锚搭接连接中，当采用预埋金属波纹管成孔时，金属波纹管性能除应符合现行行业标准《预应力混凝土用金属波纹管》JG 225 的规定外，尚应符合下列规定：

　　1 宜采用软钢带制作，性能应符合现行国家标准《碳素结构钢冷轧钢带》GB 716 的规定；当采用镀锌钢带时，其双面镀锌层重量不宜小于 $60g/m^2$，性能应符合现行国家标准《连续热镀锌钢板及钢带》GB/T 2518 的规定；

　　2 金属波纹管的波纹高度不应小于 3mm，壁厚不宜小于 0.4mm。

4.2.5 钢筋锚固板的材料应符合现行行业标准《钢筋锚固板应用技术规程》JGJ 256 的规定。

4.2.6 受力预埋件的锚板及锚筋材料应符合现行国家标准《混凝土结构设计规范》GB 50010 的有关规定。专用预埋件及连接件的材料应符合国家现行有关标准的规定。

4.2.7 连接用焊接材料，螺栓、锚栓和铆钉等紧固件的材料应符合国家现行标准《混凝土结构设计规范》GB 50010、《钢结构设计标准》GB 50017、《钢结构焊接规范》GB 50661 和《钢筋焊接及验收规程》JGJ 18 等的规定。

4.2.8 预制夹心保温外墙板中内外叶墙板的拉结件应符合下列规定：

　　1 金属及非金属材料拉结件均应具有规定的承载力、变形和耐久性能，并应经过试验验证，必要时应通过专门技术论证；

　　2 拉结件应满足夹心保温外墙板的节能设计要求。

4.3 其 他 材 料

4.3.1 外墙板接缝处的密封材料应符合下列规定：

　　1 密封胶应与混凝土具有相容性，以及规定的抗剪切和伸缩变形能力；密封胶尚应具有耐候性、低温柔性、防霉、防水、防火等性能；其他性能应符合现行行业标准《混凝土建筑接缝用密封胶》JC/T 881 的规定；

　　2 硅酮、聚氨酯、聚硫建筑密封胶应分别符合国家现行标准《硅酮建筑密封胶》GB/T 14683、《聚氨酯建筑密封胶》JC/T 482、《聚硫建筑密封胶》JC/T 483 的规定。

4.3.2 外墙板接缝处的背衬材料宜选用发泡氯丁橡胶或聚乙烯塑料棒，其直径不应小于缝宽的 1.5 倍。

4.3.3　外墙板接缝处用于第二道防水的密封止水带，宜采用三元乙丙橡胶、氯丁橡胶或硅橡胶等高分子材料。

4.3.4　夹心保温外墙板中的保温材料，宜采用挤塑聚苯乙烯板（XPS）等低导热系数、低吸水率的轻质保温材料；其导热系数不宜大于 0.04W/(m·K)，体积比吸水率不宜大于 0.3%，燃烧性能不应低于国家标准《建筑材料及制品燃烧性能分级》GB 8624—2012 中 B_2 级的要求。

4.3.5　装配式建筑用轻质内隔墙的材料及施工配套材料，应符合现行行业标准《建筑轻质条板隔墙技术规程》JGJ/T 157 的规定。

5　建 筑 设 计

5.1　一 般 规 定

5.1.1　装配式建筑应模数协调，采用模块组合的标准化设计，选用标准化、系列化的主体结构构件、围护构件和内装部品部件，并进行集成化设计。

5.1.2　装配式建筑宜采用一体化协同设计，将建筑、结构、给水排水、暖通空调、电气、智能化和燃气等专业之间进行协同设计。

5.1.3　装配式建筑设计宜建立信息化协同平台，应用 BIM 技术，采用标准化的功能模块、部品部件等信息库，统一编码、统一规则，全专业共享数据信息，实现建设全过程的管理和控制。

5.1.4　装配式建筑应满足建筑全寿命期的使用维护要求，宜采用管线分离的方式。设备管线应具有通用性和互换性，在维修更换时不影响结构体的性能。

5.1.5　装配式建筑设计应遵循可持续化发展的建设基本理念，应以系统的方法统筹考虑建筑全生命周期的设计、构件部品生产、施工建造、维护更新和再生改造的全过程。

5.2　模 数 协 调

5.2.1　装配式建筑设计应符合现行国家标准《建筑模数协调标准》GB/T 50002 的规定，采用基本模数或扩大模数的设计方法实现设计、生产、施工等活动的相互协调，以及建筑、结构、内装、设备管线等集成设计的相互协调。

5.2.2　装配式建筑的开间与柱距、进深与跨度、门窗洞口宽度等宜采用水平扩大模数数列 3nM（n 为自然数）。

5.2.3　装配式建筑高度、层高和门窗洞口高度等宜采用竖向扩大模数数列 nM。

5.2.4　预制梁、柱、墙板等部件的截面尺寸宜采用水平扩大模数数列 nM。

5.2.5　构造节点和部件的接口尺寸宜采用分模数数列 nM/2、nM/5、nM/10。

5.2.6　集成式厨房空间尺寸应符合现行国家标准《住宅厨房及相关设备基本参数》GB/T 11228、《住宅厨房模数协调标准》JGJ/T 262 的要求。集成式卫生间空间尺寸应符合现行国家标准《住宅卫生间功能及尺寸系列》GB/T 11977、《住宅卫生间模数协调标准》JGJ/T 263 的要求。

5.2.7　装配式混凝土结构的定位宜采用中心定位法与界面定位法相结合的方法。对于结构构件和围护构件的水平定位宜采用中心定位法，结构构件和围护构件的竖向定位和部品的定位宜采用界面定位法。

5.2.8 部品部件尺寸及安装位置的公差协调应根据生产装配要求、主体结构层间变形、密封材料变形能力、材料干缩、温差变形、施工误差等确定。

5.3 标准化设计

5.3.1 装配式建筑应采用标准化、系列化的设计方法，归并建筑单体中具有相同或相似功能的建筑空间及其组成部件，提高模块、部品部件的重复使用率及通用性。

5.3.2 装配式混凝土结构建筑设计宜采用模块化设计方法，结合建筑功能、形式、空间特色、结构和构造要求，考虑工厂加工和现场装配的要求，合理划分模块单元。模块单元应具备某一种或几种建筑功能，适用于功能需求，并满足下列要求：

    1 公共建筑采用楼梯、电梯、公共卫生间、公共管井基本单元等标准模块进行组合设计；

    2 住宅建筑采用楼梯、电梯、公共管井、基本户型、集成式厨房、集成式卫生间等功能模块进行组合设计；

    3 基本模块单元应进行精细化、系列化设计，关联模块间应具备一定的逻辑及衍生关系，不同模块间的接口应采用标准化接口，以利于不同模块的相互组合，实现多样化；

    4 基本模块单元宜通过 BIM 技术进行设计协同，实现建筑、结构、机电、内装的一体化，并作为一个完整的系统，通过统一的标准化接口实现多样化组合；

    5 基本模块应实现结构、外围护、内装、设备管线的系统集成。

5.3.3 装配式混凝土建筑平面设计应符合下列规定：

    1 宜采用大开间大进深、空间灵活可变的布置方式；

    2 平面布置应规则，承重构件布置应上下对齐贯通，外墙洞口宜规整有序；

    3 设备与管线宜集中设置，并应进行管线综合设计。

5.3.4 装配式混凝土建筑立面设计应符合下列规定：

    1 外墙、阳台板、空调板、外窗、遮阳设施及装饰等部品部件宜进行标准化设计；

    2 装配式混凝土建筑宜通过建筑体量、材质肌理、色彩等变化，形成丰富多样的立面效果；

    3 预制混凝土外墙的装饰面层宜采用清水混凝土、装饰混凝土、免抹灰涂料和反打面砖等耐久性好且不易污染的建筑材料。

5.4 集成化设计

5.4.1 装配式混凝土建筑的结构构件、外围护构件、设备与管线和内装系统应进行集成设计，统筹考虑建筑功能、材料性能、构件部品加工工艺、运输条件、吊装能力等要求。

5.4.2 宜根据构件生产工艺、运输存放、安装技术水平对结构构件进行集成设计，优化构件规格；

5.4.3 外围护系统的集成设计应符合下列规定：

    1 应对外墙板、幕墙板、外门窗、阳台板、空调板及遮阳部件等进行结构、保温、隔热、装饰集成设计；

    2 应采用提高建筑性能和安装效率的构造连接措施；

    3 宜采用单元式装配外墙系统。

5.4.4 内装系统的集成设计应符合下列规定：

    1 内装设计应与建筑设计、设备与管线设计同步进行；

    2 宜采用装配式内隔墙、楼地面、吊顶等部品系统；

3 住宅建筑宜采用集成式厨房、集成式卫生间及整体收纳等部品系统。

5.4.5 设备管线系统的集成设计应符合下列规定：

1 给水排水、暖通空调、电气智能化、燃气等设备与管线应综合设计；

2 宜选用模块化产品，接口应标准化，并应预留扩展条件。

5.4.6 接口及构造设计应符合下列规定：

1 结构构件、内装部品部件和设备管线之间的连接方式应满足安全性和耐久性要求；

2 结构构件与外围护系统宜采用干式工法连接，其接缝宽度应满足结构变形和温度变形的要求；

3 部品部件的构造连接应安全可靠，接口及构造设计应满足施工安装与使用维护的要求；

4 设备管线接口应避开预制构件受力较大部位和节点连接区域。

5.5　室内装修设计

5.5.1 室内装修体的主要构配件、部品宜采用标准化产品，以工厂化加工为主，各系统之间的接口应采用标准化接口，满足干式工法的要求。

5.5.2 室内装修设计应综合考虑不同材料、设备、设施具有不同的设计使用年限，具有通用性和可变性，便于施工安装、使用维护和维修改造，装修体的维修改造和更换不得对结构主体进行拆改。

5.5.3 装配式混凝土建筑的内装部品与室内管线应与预制构件的深化设计紧密配合，预留接口位置应准确到位。

5.5.4 装配式混凝土建筑应在建筑设计阶段对轻质隔墙、吊顶、楼地面、墙面装饰、集成式厨房、集成式卫生间、内门窗等进行部品设计选型。

5.5.5 装配式混凝土建筑的内装部品、室内设备管线与主体结构的连接应符合下列规定：

1 在设计阶段宜明确主体结构的开洞尺寸及准确定位；

2 宜采用预留预埋的安装方式；当采用其他安装固定方法时，不应影响预制构件的完整性与结构安全。

5.6　设备管线设计

5.6.1 装配式混凝土建筑的设备与管线宜与主体结构相分离，应方便维修更换，且不应影响主体结构安全。

5.6.2 装配式混凝土建筑的设备与管线宜采用集成化技术，标准化设计，竖向管线宜集中设置管井，水平管线宜避免交叉。

5.6.3 装配式混凝土建筑的设备和管线设计应与建筑设计同步进行，预留预埋应满足结构专业相关要求，不得在安装完成后的预制构件上剔凿沟槽、打孔开洞等。穿越楼板管线较多且集中的区域可采用现浇楼板。

5.6.4 装配式混凝土建筑宜采用建筑信息模型（BIM）技术进行设备与管线综合设计，对设备管线与结构构件、装饰进行碰撞检查，优化管线布置。

5.6.5 装配式混凝土建筑的部品与配管连接、配管与主管道连接及部品间连接应采用标准化接口，满足通用性和互换性的要求，方便安装使用维护。

5.6.6 装配式混凝土建筑的设备与管线宜在架空层或吊顶内设置，当采用暗埋时，宜结合建筑面层、内隔墙进行设置。

5.6.7 公共管线、阀门、检修口、计量仪表、电表箱、配电箱、智能化配线箱等，应统一集中设置在公共区域。

5.6.8 装配式建筑宜采用同层排水设计，并应结合房间的净高、楼板跨度、设备管线等因素确定降板方案。

5.6.9 建筑电气管线与预制构件的关系宜符合下列规定：

　　1 竖向电气管线宜统一设置在预制板内或装饰墙面内，墙板内竖向电气管线布置应保持安全间距；

　　2 在预制墙体上设置的终端配电箱、开关、插座及其必要的接线盒、连接管等均应由结构专业进行预留预埋，并应采取有效措施，满足隔声及防火要求；

　　3 沿叠合楼板后浇层暗敷的照明管路，应在预制楼板灯位处预埋深型接线盒；

　　4 沿叠合楼板、预制墙体预埋的电气灯头盒、接线盒及其管路与现浇相应电气管路连接时，墙面预埋盒下（上）宜预留接线空间，便于施工接管操作；

　　5 在预制内墙板、外墙板的门窗过梁钢筋锚固区内不应埋设电气接线盒。

5.6.10 装配式建筑的防雷接地设计，应充分考虑预制结构的特点，并宜符合下列规定：

　　1 装配式建筑的防雷引下线宜利用现浇柱或剪力墙内的钢筋，或采取其他可靠措施。应避免利用预制竖向受力构件内的钢筋；

　　2 装配式建筑外墙上的栏杆、门窗等较大的金属物与防雷装置连接时，相关的预制构件内部及连接处的金属件应考虑电气回路连接。

6 结构设计基本规定

6.1 一般规定

6.1.1 装配整体式结构，包括框架结构、框架-现浇剪力墙结构、框架-现浇核心筒结构、剪力墙结构、部分框支剪力墙结构，其房屋最大适用高度应满足表 6.1.1 的要求，并应符合下列规定：

表 6.1.1 装配整体式结构房屋的最大适用高度（m）

结构类型		抗震设防烈度		
		6 度	7 度	8 度(0.2g)
装配整体式框架结构		60	50	40
装配整体式框架-现浇剪力墙结构		130	120	100
装配整体式框架-现浇核心筒结构		150	130	100
剪力墙结构	装配整体式剪力墙结构	130(120)	110(100)	90(80)
	双面叠合剪力墙结构	90	80	60
装配整体式部分框支剪力墙结构		110(100)	90(80)	70(60)

　　注：1 房屋高度指室外地面到主要屋面的高度，不包括局部突出屋顶的部分；
　　　　2 部分框支剪力墙结构指地面以上有部分框支剪力墙的剪力墙结构，不包括仅个别框支墙的情况。

　　1 当结构中竖向构件全部为现浇且楼盖采用叠合梁板时，房屋的最大适用高度可按现行行业标准《高层建筑混凝土结构技术规程》JGJ 3 中的规定采用；

　　2 装配整体式剪力墙结构和装配整体式部分框支剪力墙结构，在规定的水平力作用下，当预制剪力墙构件底部承担的总剪力大于该层总剪力的 50% 时，其最大适用高度应适当降低；当预制剪力墙构件底部承担的总剪力大于该层总剪力的 80％时，最大适用高度应取表 6.1.1 中括号内的数值；

3 装配整体式剪力墙结构和装配整体式部分框支剪力墙结构，当剪力墙边缘构件竖向钢筋采用浆锚搭接连接时，房屋最大适用高度应比表中数值降低 10m；

4 超过表内高度的房屋，应进行专门研究和论证，采取有效的加强措施。

6.1.2 高层装配整体式结构的高宽比不宜超过表 6.1.2 的数值。

表 6.1.2 高层装配整体式结构适用的最大高宽比

结构类型		抗震设防烈度	
		6、7 度	8 度
装配整体式框架结构		4	3
装配整体式框架-现浇剪力墙结构		6	5
装配整体式框架-现浇核心筒结构		7	6
剪力墙结构	装配整体式剪力墙结构	6	5
	双面叠合剪力墙结构		

6.1.3 抗震设计时，装配整体式结构应根据抗震设防类别、烈度、结构类型和房屋高度采用不同的抗震等级，并应符合相应的计算和构造措施要求。丙类装配整体式结构的抗震等级应按表 6.1.3 确定。

表 6.1.3 丙类装配整体式结构的抗震等级

结构类型		抗震设防烈度							
		6 度		7 度			8 度		
装配整体式框架结构	高度（m）	≤24	>24	≤24		>24	≤24		>24
	框架	四	三	三		二	二		一
	大跨度框架	三		二			一		
装配整体式框架-现浇剪力墙结构	高度（m）	≤60	>60	≤24	>24 且≤60	>60	≤24	>24 且≤60	>60
	框架	四	三	四	三	二	三	二	一
	剪力墙	三		三	二		二	一	
装配整体式框架-现浇核心筒结构	框架	三		二			一		
	核心筒	二		二			一		
剪力墙结构	装配整体式剪力墙结构	高度（m）	≤70	>70	≤24	>24 且≤70	>70	≤24	>24 且≤70	>70
		剪力墙	四	三	四	三	二	三	二	一
	双面叠合剪力墙结构	高度（m）	≤60	>60	≤24	>24 且≤60	>60	≤24	>24 且≤40	>40
		剪力墙	四	三	四	三	二	三	二	一
装配整体式部分框支剪力墙结构	高度（m）	≤70	>70	≤24	>24 且≤70	>70	≤24	>24 且≤70	
	现浇框支框架	二		二		一	一		
	底部加强部位剪力墙	三		三		二	二		
	其他区域剪力墙	四		四		三	三		

注：1 大跨度框架指跨度不小于 18m 的框架；

2 高度不超过 60m 的装配整体式框架-现浇核心筒结构按装配整体式框架-现浇剪力墙的要求设计时，应按表中装配整体式框架-现浇剪力墙结构的规定确定其抗震等级。

6.1.4 乙类建筑应按本地区抗震设防烈度提高一度的要求加强其抗震措施；当本地区抗震设防烈度为 8 度且抗震等级为一级时，应采取比一级更高的抗震措施；当建筑场地为 I 类时，应允许仍按本地区抗震设防烈度的要求采取抗震构造措施。

6.1.5 装配式结构的平面布置宜符合下列规定：

1 平面形状宜简单、规则、对称，质量、刚度分布宜均匀；

2 平面长度不宜过长（图 6.1.5），长宽比（L/B）宜符合表 6.1.5 的要求；

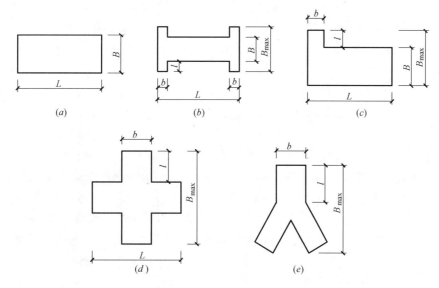

图 6.1.5　建筑平面示例

3 平面突出部分的长度 l 不宜过大、宽度 b 不宜过小（图 6.1.5），l/B_{max}、l/b 宜符合表 6.1.5 的要求；

4 建筑平面不宜采用角部重叠或细腰形平面布置。

表 6.1.5　平面尺寸及突出部位尺寸的比值限值

抗震设防烈度	L/B	l/B_{max}	l/b
6、7 度	≤6.0	≤0.35	≤2.0
8 度	≤5.0	≤0.30	≤1.5

6.1.6 装配式结构竖向布置应连续、均匀，应避免抗侧力结构的侧向刚度和承载力沿竖向突变，并应符合现行国家标准《建筑抗震设计规范》GB 50011 的有关规定。

6.1.7 装配式混凝土结构当条件具备时，宜积极采用隔震、消能减震技术，并应符合现行国家标准《建筑抗震设计规范》GB 50011 的有关规定。

6.1.8 抗震设计的高层装配整体式结构，当其房屋高度、规则性、结构类型等超过本规程的规定或抗震设防标准有特殊要求时，可按现行行业标准《高层建筑混凝土结构技术规程》JGJ 3 的有关规定进行结构抗震性能设计和论证。

6.1.9 高层建筑装配整体式混凝土结构应符合下列规定：

1 宜设置地下室，地下室应采用现浇混凝土；当采用大底盘结构时，大底盘及其上一层应采用现浇混凝土；

2 框架结构首层柱宜采用现浇混凝土；

3 剪力墙结构和部分框支剪力墙结构底部加强部位竖向构件宜采用现浇混凝土；

4 当底部加强部位的剪力墙、框架结构的首层柱采用预制混凝土时，应采取可靠技术措施。

6.1.10 当对底部现浇区域及楼板后浇叠合层采取有效措施后，装配整体式混凝土结构设置伸缩缝的最大间距，框架结构不宜大于 70m，剪力墙结构不宜大于 60m，框架-现浇剪力墙结构或框架-现浇核心筒结构可根据结构的具体情况取框架结构与剪力墙结构之间的数值。

6.1.11 装配式混凝土结构房屋设置防震缝时，防震缝宽度应符合下列规定：

1 装配整体式结构应根据结构类型按现行国家标准《建筑抗震设计规范》GB 50011 的规定执行；

2 装配式结构当不满足等同现浇结构时，结构单元抗震缝宽度应根据结构整体抗侧刚度降低程度，按现行国家标准《建筑抗震设计规范》GB 50011 的规定并取增大系数 1.2～1.5。

6.1.12 装配式结构构件及节点应进行承载能力极限状态及正常使用极限状态设计，并应符合现行国家标准《混凝土结构设计规范》GB 50010、《建筑抗震设计规范》GB 50011 和《混凝土结构工程施工规范》GB 50666 等的有关规定。

6.1.13 抗震设计时，构件及节点的承载力抗震调整系数 γ_{RE} 应按表 6.1.13 采用；当仅考虑竖向地震作用组合时，承载力抗震调整系数 γ_{RE} 应取 1.0。预埋件锚筋截面计算的承载力抗震调整系数 γ_{RE} 应取 1.0。

表 6.1.13 构件及节点承载力抗震调整系数 γ_{RE}

结构构件类别	正截面承载力计算					斜截面承载力计算	受冲切承载力计算、接缝受剪承载力计算	局部受压
	受弯构件	偏心受压柱		偏心受拉构件	剪力墙	各类构件及框架节点		
		轴压比小于 0.15	轴压比不小于 0.15					
γ_{RE}	0.75	0.75	0.8	0.85	0.85	0.85	0.85	1.0

6.1.14 预制构件节点及接缝处后浇混凝土的强度等级不应低于预制构件的混凝土强度等级；多层剪力墙结构中墙板水平接缝用坐浆材料的强度等级值应大于被连接构件的混凝土强度等级值。

6.1.15 预埋件和连接件等外露金属件应按不同环境类别进行封闭或防腐、防锈、防火处理，并应符合耐久性要求。

6.1.16 装配式混凝土结构设计，应综合考虑预制构件制作和安装阶段误差的影响。采用湿式连接的预制构件之间应设置安装缝，安装缝宽度不应小于 10mm。

6.1.17 双面叠合剪力墙结构的设计，应符合本规程附录 B 的规定。

6.2 作用及作用组合

6.2.1 装配式结构的作用及作用组合应根据国家现行标准《建筑结构荷载规范》GB 50009、《建筑抗震设计规范》GB 50011、《高层建筑混凝土结构设计规程》JGJ 3 和《混凝土结构工程施工规范》GB 50666 等确定。

6.2.2 制构件在翻转、运输、吊运、安装等短暂设计工况下的施工验算，应将构件自重标准值乘以动力系数后作为等效静力荷载标准值。构件运输、吊运时，动力系数宜取 1.5；构件翻转及安装过程中就位、临时固定时，动力系数可取 1.2。

6.2.3 预制构件应进行脱模验算，验算时的等效静力荷载标准值应取构件自重标准值乘以动力系数或自重标准值与脱模吸附力之和，且不宜小于构件自重标准值的 1.5 倍。动力系数与脱模吸附力应符合下列规定：

1 动力系数不宜小于 1.2；

2 脱模吸附力应根据构件和模具的实际状况取用，且不宜小于 $1.5kN/m^2$。

3 后浇叠合层施工阶段验算时，叠合楼盖的施工活荷载应根据实际施工情况取值，且不宜小于 $1.5kN/m^2$。

6.3 结 构 分 析

6.3.1 装配式混凝土结构弹性分析时，节点和接缝的模拟应符合下列规定：

1 当预制构件之间采用后浇带连接且接缝构造及承载力满足本规程中的相应要求时，可按现浇混凝土结构进行模拟；

2 对于本规程中未包含的连接节点及接缝形式，应按照实际情况模拟。

6.3.2 进行抗震性能化设计时，结构在设防烈度地震及罕遇地震作用下的内力及变形分析，可根据结构受力状态采用弹性分析方法或弹塑性分析方法。弹塑性分析时，宜根据节点和接缝在受力全过程中的特性进行节点和接缝的模拟。材料的非线性行为可根据现行国家标准《混凝土结构设计规范》GB 50010 确定，节点和接缝的非线性行为可根据试验研究确定。

6.3.3 内力和变形计算时，应计入填充墙对结构刚度的影响。当采用轻质隔墙板时，可采用周期折减系数的方法考虑其对于结构刚度的影响；对于框架结构，周期折减系数可取 0.7~0.9；对于剪力墙结构，周期折减系数可取 0.8~1.0。

6.3.4 在风荷载或多遇地震作用下，结构楼层内最大层间位移角应符合下公式规定。

$$\Delta\mu_e \leq [\theta_e]h \tag{6.3.4}$$

式中：$\Delta\mu_e$——楼层内最大弹性层间位移；

$[\theta_e]$——弹性层间位移角限值，应按表 6.3.4 采用；

h——层高。

表 6.3.4 弹性层间位移角限值

结构类型		$[\theta_e]$
装配整体式框架结构		1/550
装配整体式框架-现浇剪力墙结构 装配整体式框架-现浇核心筒结构		1/800
剪力墙结构	装配整体式剪力墙结构	1/1000
	双面叠合剪力墙结构	1/1100
	多层装配式墙板结构	1/1200

6.3.5 在罕遇地震作用下，结构薄弱层（部位）弹塑性层间位移应符合下式规定：

$$\Delta\mu_p \leq [\theta_p]h \tag{6.3.5}$$

式中：$\Delta\mu_p$——楼层内最大弹塑性层间位移；

$[\theta_p]$——弹塑性层间位移角限值，应按表 6.3.5 采用；

h——层高。

表 6.3.5　弹塑性层间位移角限值

结构类型		$[\theta_p]$
装配整体式框架结构		1/50
装配整体式框架-现浇剪力墙结构 装配整体式框架-现浇核心筒结构		1/100
剪力墙结构	装配整体式剪力墙结构	1/120
	双面叠合剪力墙结构	
	多层装配式剪力墙结构	

6.3.6　在结构内力与位移计算时，对现浇楼盖和叠合楼盖，均可假定楼盖在其自身平面内为无限刚性；楼面梁的刚度可考虑翼缘作用予以增大。

6.3.7　当桁架钢筋混凝土叠合板的后浇混凝土叠合层厚度不小于预制板厚度和 70mm 时，其竖向荷载的传递方式可与现浇楼板相同。

6.4　预制构件设计

6.4.1　预制构件的设计应符合下列规定：

　1　对持久设计状况，应对预制构件进行承载力、变形、裂缝控制验算；

　2　对地震设计状况，应对预制构件进行承载力验算；

　3　对制作、运输和存放、安装等短暂设计状况下的预制构件验算，应符合现行国家标准《混凝土结构工程施工规范》GB 50666 的有关规定。

6.4.2　当预制构件中钢筋的混凝土保护层厚度大于 50mm 时，宜对钢筋的混凝土保护层采取有效的防裂构造措施。

6.4.3　用于固定连接件的预埋件与预埋吊件、临时支撑用预埋件不宜兼用；当兼用时，应同时满足各种设计工况要求。预制构件中预埋件的验算应符合现行国家标准《混凝土结构设计规范》GB 50010、《钢结构设计标准》GB 50017 和《混凝土结构工程施工规范》GB 50666 等有关规定。

6.4.4　预制构件设计尚应符合下列规定：

　1　机电设备预埋管线和线盒、制作和安装施工用预埋件、预留孔洞等应统筹设置，对构件结构性能的削弱应采取必要的加强措施；

　2　预制构件表面设置的连接、外露预埋件和内置螺母等凹入构件表面的深度不宜小于 10mm，待安装连接施工完成后填实抹平。

6.4.5　预制构件设计对制作、运输、吊装、施工等有特别要求时，应在设计文件中注明。

6.5　连接设计

6.5.1　装配整体式结构中，接缝的正截面承载力应符合现行国家标准《混凝土结构设计规范》GB 50010 的规定。接缝的受剪承载力应符合下列规定：

　1　持久设计状况：

$$\gamma_0 V_{jd} \leqslant V_u \tag{6.5.1-1}$$

　2　地震设计状况：

$$V_{jdE} \leqslant V_{uE}/\gamma_{RE} \tag{6.5.1-2}$$

在梁、柱端部箍筋加密区及剪力墙底部加强部位，尚应符合下式要求：

$$\eta_j V_{mua} \leqslant V_{uE} \tag{6.5.1-3}$$

式中：γ_0——结构重要性系数，安全等级为一级时不应小于 1.1，安全等级为二级时不应小于 1.0；

V_{jd}——持久设计状况下接缝剪力设计值；

V_{jdE}——地震设计状况下接缝剪力设计值；

V_u——持久设计状况下梁端、柱端、剪力墙底部接缝受剪承载力设计值；

V_{uE}——地震设计状况下梁端、柱端、剪力墙底部接缝受剪承载力设计值；

V_{mua}——被连接构件端部按实配钢筋面积计算的斜截面受剪承载力设计值；

η_j——接缝受剪承载力增大系数，抗震等级为一、二级取 1.2，抗震等级为三、四级取 1.1。

6.5.2 装配式结构中，节点及接缝处的纵向连接宜根据接头受力、施工工艺等要求，选用钢筋套筒灌浆连接、钢筋浆锚搭接连接、钢筋机械连接、焊接连接及螺栓连接等方式，并应符合国家现行有关标准的规定。

6.5.3 纵向钢筋采用套筒灌浆连接时，接头性能应满足现行行业标准《钢筋套筒灌浆连接应用技术规程》JGJ 355 的要求，并应符合下列规定：

　1 套筒灌浆连接应采用由接头型式检验确定的相匹配的灌浆套筒、灌浆料；

　2 预制柱中灌浆套筒长度范围内外侧箍筋的混凝土保护层厚度不应小于 20mm，预制剪力墙中灌浆套筒长度范围内最外侧钢筋的混凝土保护层厚度不应小于 15mm；

　3 套筒灌浆连接钢筋的直径不应小于 12mm，不宜大于 40mm；

　4 套筒之间的净距不应小于 25mm。

6.5.4 纵向钢筋采用除本规程规定外的浆锚搭接连接时，对预留孔成孔工艺、孔道形状和长度、构造要求、灌浆料和被连接钢筋，应进行力学性能以及适用性的试验验证，经鉴定确认安全可靠后方可采用。必要时尚应对采用钢筋浆锚搭接连接预制构件的性能进行试验验证。直径大于 20mm 的钢筋或直接承受动力荷载构件的纵向钢筋不应采用浆锚搭接连接。

6.5.5 纵向钢筋采用浆锚搭接连接时，受拉钢筋搭接长度应按下列公式计算，且不应小于 300mm。

$$l_l = \zeta_1 \zeta_2 l_{aE} \tag{6.5.5}$$

式中：l_l——受拉钢筋的浆锚搭接长度；

l_{aE}——受拉钢筋的抗震锚固长度，按现行国家标准《混凝土结构设计规范》GB 50010 计算；当充分利用钢筋的抗压强度时，锚固长度不应小于受拉锚固长度的 0.7 倍；

ζ_1——钢筋搭接长度计算系数，当满足本规程第 8.3.6 条规定时，可取 0.9；

ζ_2——成孔方式修正系数，当采用金属波纹管工艺成孔时，取 1.2；当采用抽芯成孔时，取 1.0。

6.5.6 预制构件与后浇混凝土、灌浆料、坐浆材料的结合面应设置粗糙面、键槽，并应符合下列规定：

　1 预制板与后浇混凝土叠合层之间的结合面应设置粗糙面；

　2 预制梁与后浇混凝土叠合层之间的结合面应设置粗糙面；预制梁端面应设置键槽

（图 6.5.6），且宜设置粗糙面。键槽的尺寸和数量应按本规程第 7.2.2 条的规定计算确定；键槽深度 t 不宜小于 30mm，宽度 w 不宜小于深度的 3 倍且不宜大于深度的 10 倍；键槽可贯通截面，当不贯通时槽口距离截面边缘不宜小于 50mm；键槽间距宜等于键槽宽度；键槽端部斜面倾角不宜大于 30°；

　　3　预制柱的底部应设置键槽或粗糙面，键槽应均匀布置，键槽深度不宜小于 30mm，键槽端部斜面倾角不宜大于 30°。柱顶应设置粗糙面；

　　4　预制剪力墙的顶部和底部与后浇混凝土的结合面应设置粗糙面；侧面与后浇混凝土的结合面宜设置粗糙面，也可设置键槽；键槽深度 t 不宜小于 20mm，宽度 w 不宜小于深度的 3 倍且不宜大于深度的 10 倍；键槽间距宜等于键槽宽度；键槽端部斜面倾角不宜大于 30°；

　　5　粗糙面的面积不宜小于结合面的 80%，预制板的粗糙面凹凸深度不应小于 4mm，预制梁端、预制柱端、预制墙端的粗糙面凹凸深度不应小于 6mm。

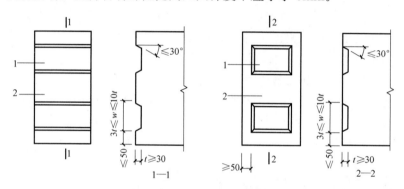

图 6.5.6　梁端键槽构造

（a）键槽贯通截面；（b）键槽不贯通截面

1—键槽；2—梁端面

6.5.7　预制构件纵向受力钢筋宜在后浇混凝土内直线锚固；当直线锚固长度不足时，可采用弯折、机械锚固方式，并应符合国家现行标准《混凝土结构设计规范》GB 50010 和《钢筋锚固板应用技术规程》JGJ 256 的规定。

6.5.8　应对连接件、焊缝、螺栓或铆钉等紧固件在不同设计状况下的承载力进行验算，并应符合现行国家标准《钢结构设计标准》GB 50017 和《钢结构焊接规范》GB 50661 等的规定。

6.5.9　当预制构件搁置在梁、柱、墙等支承构件上时，其搁置长度不应小于 10mm。

6.6　楼 盖 设 计

6.6.1　装配整体式混凝土结构的楼盖宜采用叠合楼盖，叠合板设计应符合现行国家标准《混凝土结构设计规范》GB 50010 的有关规定，并应符合下列规定：

　　1　叠合板的预制板厚度不宜小于 60mm，后浇混凝土叠合层厚度不应小于 60mm；

　　2　跨度大于 3m 的叠合板，宜采用桁架钢筋混凝土叠合板；

　　3　跨度大于 6m 的叠合板，宜采用预应力混凝土叠合板；

　　4　板厚大于 180mm 的叠合板，宜采用混凝土空心板；

　　5　当叠合板的预制板采用空心板时，板端空腔应封堵，堵头深度不宜小于 60mm，并应采用强度等级不低于 C25 的混凝土浇灌密实。

6.6.2　高层装配整体式混凝土结构中，楼盖应符合下列规定：

　　1　结构转换层和作为上部结构嵌固部位的地下室楼层宜采用现浇楼盖；

　　2　平面受力复杂的楼层宜采用现浇楼盖，当采用叠合楼盖时，楼板的后浇混凝土叠合层厚度不应小于 80mm，且后浇层内应采用双向通长配筋，钢筋直径不宜小于 8mm，间距不宜大于 200mm；

　　3　屋面层宜采用现浇楼盖，当采用叠合楼盖时，剪力墙结构屋面板的后浇混凝土叠合层厚度不应小于 80mm，其他结构形式屋面板的后浇混凝土叠合层厚度不应小于 100mm，且后浇层内应采用双向通长配筋，钢筋直径不宜小于 8mm，间距不宜大于 200mm。

6.6.3　叠合板可根据预制板接缝构造、支座构造、长宽比按下列要求设计：

　　1　当预制板之间采用密拼分离式接缝（图 6.6.3a）时，宜按单向板设计，确有可靠依据时也可按双向板设计；

　　2　四边支承叠合板且长宽比不大于 3 时，当其预制板之间采用整体式接缝（图 6.6.3b）或无接缝（图 6.6.3c）时，可按双向板设计；

　　3　叠合板的板厚应取预制板与后浇叠合层厚度之和，计算方法可与现浇板相同，楼板内力应考虑预制板接缝情况的影响进行适当调整。

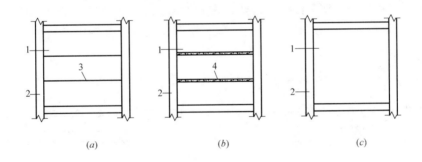

图 6.6.3　叠合板的预制板布置形式

(a) 单向叠合板；(b) 带接缝的双向叠合板；(c) 无接缝双向叠合板

1—预制板；2—梁或墙；3—板侧分离式接缝；4—板侧整体式接缝

6.6.4　叠合板支座处纵向钢筋应符合下列规定：

　　1　板端支座处，预制板内纵向受力钢筋宜从板端伸出并锚入支承梁或墙的后浇混凝土中，锚固长度不应小于 $5d$（d 为纵向受力钢筋直径），且宜伸过支座中心线（图 6.6.4a）；

　　2　单向叠合板的板侧支座处，当预制板内的板底分布钢筋伸入支承梁或墙的后浇混凝土中时，应符合本条第 1 款的要求；当板底分布钢筋不伸入支座时，宜在紧邻预制板顶面的后浇混凝土叠合层中设置附加钢筋，附加钢筋截面面积不宜小于预制板内的同向分布钢筋面积，间距不宜大于 300mm，在板的后浇混凝土叠合层内锚固长度不应小于 $1.2l_a$，在支座内锚固长度不应小于 $15d$（d 为附加钢筋直径）且宜伸过支座中心线（图 6.6.4b）。

6.6.5　当设置桁架钢筋混凝土叠合板的后浇叠合层厚度不小于 70mm，预制板内纵向受

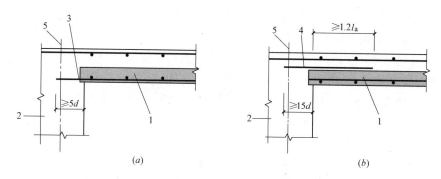

图 6.6.4　叠合板板端与板侧支座构造

(a) 板端支座；(b) 板侧支座

1—预制底板；2—支撑梁或墙；3—板底纵向钢筋；4—附加钢筋；5—支座中心线

力钢筋可不伸入支座，在后浇叠合层内设置附加钢筋，附加钢筋锚入支承梁或墙的后浇混凝土中（图 6.6.5），并应符合下列规定：

1 附加钢筋的面积应通过计算确定，且不应少于受力方向跨中板底钢筋面积的 1/3；

2 附加钢筋直径不宜小于 8mm，间距不宜大于 250mm；

3 附加钢筋伸入叠合楼板现浇层内的长度不应小于 $1.2l_a$，当附加钢筋为构造钢筋时，伸入支座的长度不应小于 $15d$（d 为附加钢筋直径）且宜伸过支座中心线，当附加钢筋承受拉力时，每个桁架钢筋内部应设置 1 根附加钢筋，伸入支座的长度不应小于 l_a；

4 垂直于附加钢筋的方向应布置横向分布钢筋，在搭接范围内不宜少于 3 根，且钢筋直径不宜小于 6mm，间距不宜大于 200mm。

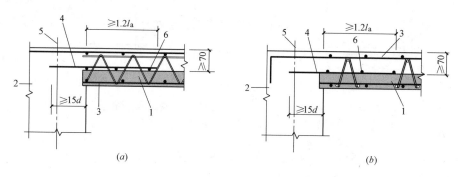

图 6.6.5　设置桁架钢筋叠合楼板端、板侧支座构造

(a) 板端支座；(b) 板侧支座

1—预制板；2—梁或墙；3—纵向受力钢筋；4—附加钢筋；5—支座中心线；6—横向分布钢筋

6.6.6 单向叠合板板侧的密拼分离式接缝应符合下列规定：

1 接缝处紧邻预制板顶面宜设置垂直于板缝的连接钢筋，连接钢筋伸入两侧后浇混凝土叠合层的锚固长度不应小于 $15d$（d 为连接钢筋直径）；

2 连接钢筋截面面积不宜小于预制板中该方向钢筋面积，钢筋直径不宜小于 6mm，间距不宜大于 250mm（图 6.6.6）。

6.6.7 双向叠合板板侧的整体式接缝可采用后浇带的形式，并应符合下列规定：

1 后浇带宽度不宜小于 300mm；

2 后浇带两侧板底纵向受力钢筋可在后浇带中焊接、搭接、弯折锚固、机械连接；

3 当后浇带两侧板底纵向受力钢筋在后浇带中搭接连接时，应符合下列规定：

1) 预制板板底外伸钢筋为直线形（图 6.6.7a）时，钢筋搭接长度应符合现行国家标准《混凝土结构设计规范》GB 50010 的有关规定；

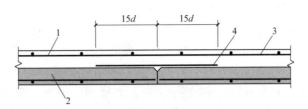

图 6.6.6 单向叠合板板侧分离式接缝构造

1—后浇混凝土叠合层；2—预制板；

3—后浇层内钢筋；4—连接钢筋

2) 预制板板底外伸钢筋端部为 90°或 135°弯钩（图 6.6.7b、c）时，钢筋搭接长度应符合现行国家标准《混凝土结构设计规范》GB 50010 有关钢筋锚固长度的规定，90°和 135°弯钩钢筋弯后直段长度分别为 12d 和 5d（d 为钢筋直径）。

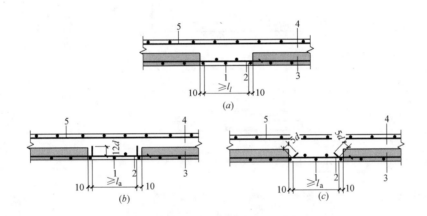

图 6.6.7 双向叠合板整体式接缝构造

（a）板底纵向钢筋直线搭接；（b）板底纵向钢筋末端带 90°弯钩搭接；（c）板底纵向钢筋末端带 135°弯钩搭接

1—通长钢筋；2—纵向受力钢筋；3—预制板；4—后浇混凝土叠合层；5—后浇层内钢筋

6.6.8 桁架钢筋混凝土叠合板应满足下列要求：

1 桁架钢筋宜沿主要受力方向布置；

2 桁架钢筋距板边不宜大于 300mm，间距不应大于 1000mm；

3 桁架弦杆钢筋可采用 HRB400、CRB550 或 CRB600H 钢筋；桁架上弦钢筋直径不宜小于 8mm；下弦钢筋，当其兼做板内受力钢筋时，直径不宜小于 8mm，当不考虑下弦钢筋受力时，直径不宜小于 6mm；

4 腹杆钢筋可采用 HPB300 或 CRB550 钢筋，直径不应小于 4mm；

5 桁架钢筋弦杆的混凝土保护层厚度不应小于 15mm。

6.6.9 当未设置桁架钢筋时，在下列情况下，叠合板的预制板与后浇混凝土叠合层之间应设置抗剪构造钢筋（图 6.6.9）：

1 板跨度大于 4m 的单向叠合板，距支座 1/4 跨范围内；

2 短向跨度大于 4m 的双向叠合板，距四边支座 1/4 短跨范围内；

3 悬挑叠合板、悬挑板的上部纵向受力钢筋在相邻叠合板的后浇混凝土锚固范围内。

6.6.10 阳台板、空调板宜采用叠合构件，设防烈度为 6、7 度时空调板也可采用预制构件。预制构件应与主体结构可靠连接；叠合构件的负弯矩钢筋应在相邻叠合板的后浇混凝土中可靠锚固，叠合构件中预制板底钢筋的锚固应符合下列规定：

1 当板底为构造配筋时，其锚固应符合本规程第 6.6.5 条第 1 款的规定；

2 当板底为计算要求配筋时，钢筋应满足受拉钢筋的锚固要求。

6.6.11 楼、屋面采用预应力混凝土双 T 板时，应符合下列规定：

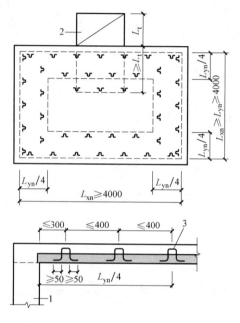

图 6.6.9 叠合板设置抗剪构造钢筋
1—梁或墙；2—悬挑板；3—抗剪构造钢筋

1 应根据房屋的实际情况选用适宜的结构体系，并符合现行国家标准《建筑抗震设计规范》GB 50011 的有关规定；

2 双 T 板在钢筋混凝土梁上的支承长度，板跨小于 24m 时不宜小于 200mm，板跨不小于 24m 时支承长度不宜小于 250mm；

3 倒 T 梁或 L 梁与双 T 板的连接，应采用预埋件并于现场焊接固定；预埋件的设计应考虑双 T 板搁置于倒 T 梁或 L 梁时的稳定性及抵抗预制梁扭转引起的内力；当双 T 板端部设置企口时，切角高度不宜大于双 T 板板端高度的 1/3，并应计算支座处的受弯承载力，其相关补强筋的设计应按现行国家标准《混凝土结构设计规范》GB 50010 的规定确定；

4 当支承双 T 板的梁采用倒 T 梁或 L 梁时，梁挑耳厚度不宜小于 300mm；双 T 板端面与梁的净距不应小于 10mm；梁挑耳部位应有可靠的补强措施；

5 双 T 板楼盖宜采用设置后浇混凝土叠合层的湿式体系，也可采用干式体系；后浇混凝土叠合层厚度不宜小于 50mm，并应双向配置直径不小于 6mm、间距不大于 150mm 的钢筋网片；双 T 板与后浇混凝土叠合层的结合面，应设置凹凸深度不小于 4mm 的粗糙面或设置抗剪构造钢筋。

6.6.12 预应力混凝土双 T 板楼盖可采用湿式体系，也可采用干式体系，并应符合下列规定：

1 在湿式连接中不宜考虑混凝土和楼盖内部配筋对楼盖整体性的贡献，应在结构的横向、纵向、竖向及周边提供可靠的抗拉连接，以有效地连接起结构的各个构件，不得使用仅依赖构件之间摩擦力的连接形式；

2 双 T 板楼盖在地震作用下应保持弹性状态。

6.6.13 预应力混凝土双 T 板翼缘的连接件可采用湿式连接、干式连接或混合连接，并应符合下列规定：

1 连接件设计时，应将连接件中除锚筋以外的其他部分（钢板、嵌条焊缝等）进行超强设计，以避免其过早破坏；

2 连接件尚应抵抗施工荷载引起的内力；

3 当连接件采用预埋八字筋件并于现场焊接固定时，八字筋的直径不宜小于 16mm，双 T 板的每一侧边至少应设置 2 处，间距不宜大于 2500mm。

6.6.14 当预应力混凝土双 T 板板面开设洞口时，应符合下列规定：

1 洞口宜设置在靠近双 T 板端部支座部位，不应在同一截面连续开洞，同一截面的开洞率不应大于板宽的 1/3，开洞部位的截面应按等强原则加厚该截面；

2 双 T 板的加厚部分应与板体同时制作，并采用相同等级的混凝土。

6.7　预制楼梯设计

6.7.1 预制楼梯宜设计成模数化的标准梯段，各梯段的净宽、长度、高度宜统一；预制楼梯可采用预制混凝土楼梯，也可采用预制钢结构楼梯。

6.7.2 当采用预制混凝土板式楼梯时，梯板厚度不宜小于 120mm，上部钢筋宜拉通；分布钢筋直径不应小于 6mm，间距不宜大于 200mm；下部钢筋宜按两端简支计算确定并配置通长的纵向钢筋。当梯板两端均不能滑动时，板底、板面应配置通长的纵向钢筋。

6.7.3 预制梯板与支承构件之间宜采用简支连接，并应符合下列规定：

1 预制梯板两端宜采用一端固定一端滑动，固定端宜设置在楼层标高处。滑动变形能力应满足罕遇地震作用下结构弹塑性层间变形的要求，且预制梯板端部在支承构件上的搁置长度，6、7 度时不应小于 100mm，8 度时不应小于 120mm；

2 预制梯板设置滑动铰的端部应采取防止滑落的构造措施；

3 滑动端与主体结构间应预留缝隙，预留缝宽不应小于结构弹塑性层间位移角限值与梯段高度的乘积，且不应小于 20mm；

4 预制梯板与主体结构的固定铰连接可采用点连接或线连接，连接构造应满足梯板的受力要求。

6.7.4 梯板一端设置滑动铰时，可不考虑楼梯参与整体结构抗震计算；梯板两端均采用固定铰时，计算中应考虑楼梯构件对主体结构的不利影响。

7　框架结构设计

7.1　一般规定

7.1.1 除本规程另有规定外，装配整体式框架结构可按现浇混凝土框架结构进行设计。

装配整体式框架-现浇剪力墙（核心筒）结构的框架应符合本章的规定。

7.1.2　装配整体式框架结构中，预制柱的纵向钢筋连接应符合下列规定：

1　当房屋高度不大于 12m 或层数不超过 3 层时，可采用套筒灌浆、浆锚搭接、螺栓连接、焊接等连接方式；

2　当房屋高度大于 12m 或层数超过 3 层时，宜采用套筒灌浆连接。

7.1.3　装配整体式框架结构中，预制柱水平接缝处不宜出现拉力。

7.2　承载力计算

7.2.1　对一、二、三级抗震等级的装配整体式框架，应进行梁柱节点核心区抗震受剪承载力验算；对四级抗震等级可不进行验算。梁柱节点核心区抗震受剪承载力验算和构造应符合现行国家标准《混凝土结构设计规范》GB 50010 和《建筑抗震设计规范》GB 50011 中的有关规定。

7.2.2　叠合梁端竖向接缝的受剪承载力设计值应按下列公式计算：

1　持久设计状况

$$V_u = 0.07 f_c A_{cl} + 0.10 f_c A_k + 1.65 A_{sd} \sqrt{f_c f_y} \qquad (7.2.2\text{-}1)$$

2　地震设计状况

$$V_{uE} = 0.04 f_c A_{cl} + 0.06 f_c A_k + 1.65 A_{sd} \sqrt{f_c f_y} \qquad (7.2.2\text{-}2)$$

式中：A_{cl}——叠合梁端截面后浇混凝土叠合层截面面积；

f_c——预制构件混凝土轴心抗压强度设计值；

f_y——垂直穿过结合面钢筋抗拉强度设计值；

A_k——各键槽的根部截面面积（图 7.2.2）之和，按后浇键槽根部截面和预制键槽根部截面分别计算，并取二者的较小值；

A_{sd}——垂直穿过结合面所有钢筋的面积，包括叠合层内的纵向钢筋。

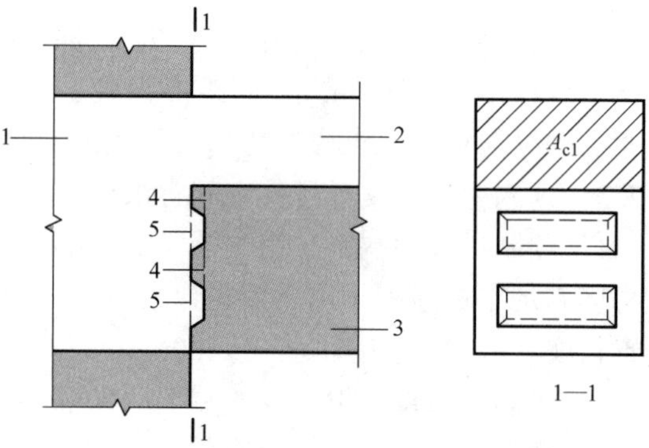

7.2.3　在地震设计状况下，预制柱底水平接缝的受剪承载力设计值应按下列公式计算：

当预制柱受压时：

$$V_{uE} = 0.8N + 1.65 A_{sd} \sqrt{f_c f_y} \qquad (7.2.3\text{-}1)$$

当预制柱受拉时：

$$V_{uE} = 1.65 A_{sd} \sqrt{f_c f_y \left[1 - \left(\frac{N}{A_{sd} f_y}\right)^2\right]} \qquad (7.2.3\text{-}2)$$

图 7.2.2　叠合梁端受剪承载力计算参数
1—后浇节点区；2—后浇混凝土叠合层；3—预制梁；
4—预制键槽根部截面；5—后浇键槽根部截面

式中：f_c——预制构件混凝土轴心抗压强度设计值；

f_y——垂直穿过水平结合面钢筋抗拉强度设计值；

N——与剪力设计值 V 相应的垂直于水平结合面的轴向力设计值，取绝对值进行计算；

A_{sd}——垂直穿过水平结合面所有钢筋的面积；

V_{uE}——地震设计状况下接缝受剪承载力设计值。

7.2.4 混凝土叠合梁的设计应符合本规程和现行国家标准《混凝土结构设计规范》GB 50010 中的有关规定。

7.3　构　造　设　计

7.3.1 预制柱及节点核心区的钢筋配置、构造要求应符合现行国家标准《混凝土结构设计规范》GB 50010 的要求，并应符合下列规定：

1 矩形柱截面边长不宜小于 400mm，圆形截面柱直径不宜小于 500mm，且不宜小于同方向梁宽的 1.5 倍；

2 柱纵向受力钢筋直径不宜小于 20mm，纵向受力钢筋的间距不宜大于 200mm 且不应大于 400mm。柱的纵向受力钢筋可集中于四角配置且宜对称布置；

3 当预制柱箍筋采用多螺箍筋形式时，相关构造要求及计算应符合附录 C 的规定。

7.3.2 装配整体式框架结构中，当采用叠合梁时，叠合梁的钢筋配置应符合现行国家标准《混凝土结构设计规范》GB 50010 的有关规定，并应满足以下要求：

1 叠合梁预制部分的梁宽和梁高均不应小于 200mm，预制梁后浇混凝土叠合层的厚度不宜小于 150mm（图 7.3.2-1*a*）；当采用凹口截面预制梁时（图 7.3.2-1*b*），凹口深度不宜小于 50mm，凹口边厚度不宜小于 60mm；

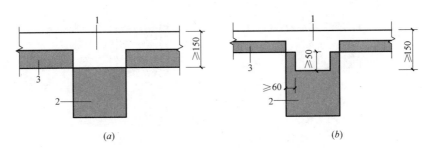

图 7.3.2-1　叠合梁截面

（*a*）矩形截面预制梁；（*b*）凹口截面预制梁

1—后浇混凝土叠合层；2—预制梁；3—预制板

2 抗震等级为一、二级的叠合框架梁，梁端箍筋加密区宜采用整体封闭箍筋；当叠合梁受扭时宜采用整体封闭箍筋，且整体封闭箍筋的搭接部分宜设置在预制部分（图 7.3.2-2）；

3 当采用组合封闭箍筋的形式（图 7.3.2-3）时，开口箍筋上方应做成 135°弯钩；对框架梁弯钩平直段长度不应小于 10*d*（*d* 为箍筋直径），次梁弯钩平直段长度不应小于 5*d*；

4 现场应采用箍筋帽封闭开口箍，箍筋帽两末端应做成 135°弯钩，也可采用一端 135°弯钩，另一端 90°弯钩的形式，但 135°弯钩和 90°弯钩应沿纵向受力钢筋方向交错设置；对框架梁弯钩平直段长度不应小于 10d（d 为箍筋直径），次梁弯钩平直段长度不应小于 5d，90°弯钩平直段长度不应小于 10d；如被开口箍勾住的梁上部纵向钢筋只在一侧受到楼板的约束，则箍筋帽的 90°弯钩应全部设在有楼板的一侧；

5 框架梁箍筋加密区长度内的箍筋肢距：一级抗震等级，不宜大于 200mm 和 20 倍箍筋直径的较大值，且不应大于 300mm；二、三级抗震等级，不宜大于 250mm 和 20 倍箍筋直径的较大值，且不应大于 350mm；四级抗震等级，不宜大于 300mm，且不应大于 400mm；

6 在预制梁的预制面以下 100mm 范围内，宜设置 2 根直径不小于 12mm 的附加纵筋（图 7.3.2-4），其他位置的腰筋应按国家现行标准确定。

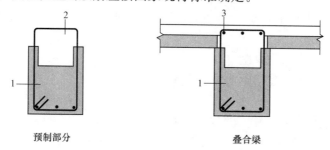

预制部分   叠合梁

图 7.3.2-2 叠合梁采用整体封闭箍筋构造
1—预制梁；2—封闭箍筋；3—上部纵向筋

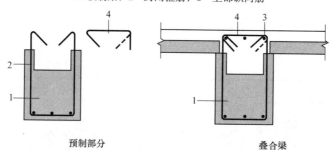

预制部分   叠合梁

图 7.3.2-3 叠合梁采用组合封闭箍筋构造示意
1—预制梁；2—开口箍筋；3—上部纵筋；4—箍筋帽

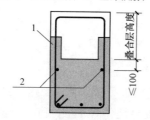

图 7.3.2-4 叠合梁腰筋构造示意
1—预制反沿；2—附加纵筋

7.3.3 当预制梁上板的搁置长度大于梁箍筋混凝土保护层厚度时可采用下列构造。

1 采用设置挑耳（图 7.3.3a）方式时，挑耳高度应计算确定且不宜小于预制板厚度；挑耳挑出长度应满足预制板搁置长度要求；挑耳内应设置纵向钢筋和伸入梁内的箍筋，纵向钢筋和箍筋的直径分别不应小于 12mm 和 8mm；

2 采用设置 U 形插筋（图 7.3.3*b*）方式时，插筋直径、间距宜同预制梁箍筋；预制板端后浇混凝土接缝宽度不宜小于 50mm，且不应考虑其叠合效应。

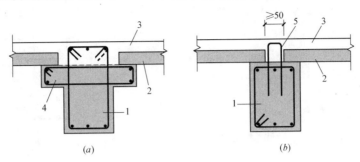

(*a*)　　　　　　　　　　　　(*b*)

图 7.3.3　板搁置长度较大时梁构造示意

1—预制梁；2—预制板；3—后浇混凝土叠合层；4—梁挑耳；5—U 形插筋

7.4 连接设计

7.4.1 采用预制柱及叠合梁的装配整体式框架中，预制柱可根据需要采用单层柱方案或多层柱方案，并应符合下列规定：

1 柱纵向受力钢筋应贯穿后浇节点区；

2 后浇节点区混凝土上表面应设置粗糙面；

3 当采用单层预制柱时，柱底接缝宜设置在楼面标高处（图 7.4.1-1），接缝厚度宜为 20mm，并应采用灌浆料填实；

4 当采用多层预制柱时，柱底接缝在满足施工要求的前提下，宜设置在楼面标高以下 20mm 处，柱底面宜采用斜面；

5 多层预制柱的节点处应增设交叉钢筋，并应在预制柱上下侧混凝土内可靠锚固（图 7.4.1-2）。交叉钢筋每侧应设置一片，每根交叉钢筋斜段垂直投影长度可比叠合梁高小 50mm，

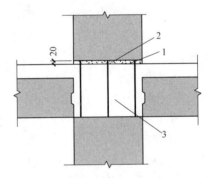

图 7.4.1-1　单层预制柱底接缝构造示意

1—后浇节点区混凝土上表面粗糙面；
2—接缝灌浆层；3—后浇区

端部直线段长度可取 500mm。交叉钢筋的强度等级不宜小于 HRB400，其直径应按运输、施工阶段的承载力及变形要求计算确定，且不应小于 16mm。

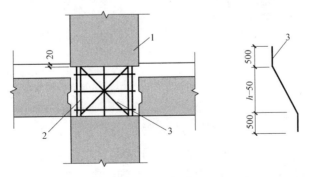

图 7.4.1-2　多层预制柱接缝构造示意

1—多层预制柱；2—柱纵向受力钢筋；3—交叉钢筋；*h*—梁高

7.4.2 当预制柱纵向受力钢筋采用套筒灌浆连接时，应符合下列规定：

1 灌浆套筒长度范围内箍筋宜采用连续复合箍或连续复合螺旋箍；如采用拉筋，其弯钩的弯折角度宜为 180°；

2 灌浆套筒长度范围内外侧箍筋的混凝土保护层厚度不应小于 20mm；

3 当在框架柱根部连接时，柱箍筋加密区长度不应小于灌浆套筒长度与 500mm 之和；套筒上端第一道箍筋距离套筒顶部不应大于 50mm（图 7.4.2）；

4 当在框架柱根部之外连接时，自灌浆套筒长度向上延伸 300mm 范围内，箍筋直径不应小于 8mm，箍筋间距不应大于 100mm。

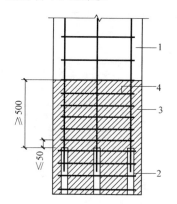

图 7.4.2 钢筋采用套筒灌浆连接时
柱底箍筋加密区域构造示意
1—预制柱；2—套筒灌浆连接接头；3—箍筋加密区（阴影区域）；4—加密区箍筋

7.4.3 梁、柱纵向钢筋在后浇节点区内采用直线锚固、弯折锚固或机械锚固的方式时，其锚固长度应符合现行国家标准《混凝土结构设计规范》GB 50010 中的有关规定；当梁、柱纵向钢筋采用锚固板时，应符合现行行业标准《钢筋锚固板应用技术规程》JGJ 256 中的有关规定。

7.4.4 采用预制柱及叠合梁的装配整体式框架节点，梁纵向受力钢筋应伸入后浇节点区内锚固或连接，并应符合下列规定：

1 框架梁预制部分的腰筋不承受扭矩时，可不伸入梁柱节点核心区；

2 对框架中间层中节点，节点两侧的梁下部纵向受力钢筋宜锚固在后浇节点区内（图 7.4.4-1a），也可采用机械连接或焊接的方式直接连接（图 7.4.4-1b）；梁的上部纵向受力钢筋应贯穿后浇节点区。

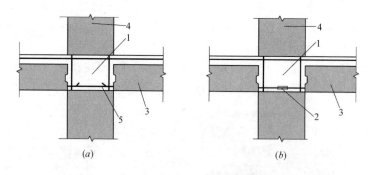

图 7.4.4-1 预制柱及叠合梁框架中间层中节点构造示意
（a）梁下部纵向受力钢筋锚固；（b）梁下部纵向受力钢筋连接
1—后浇区；2—梁下部纵向受力钢筋连接；3—预制梁；4—预制柱；5—梁下部纵向受力钢筋锚固

3 对框架中间层端节点，当柱截面尺寸不满足梁纵向受力钢筋的直线锚固要求时，宜采用锚固板锚固（图 7.4.4-2），也可采用 90°弯折锚固。

4 对框架顶层中节点，梁纵向受力钢筋的构造应符合本条第 1 款的规定。柱纵向受

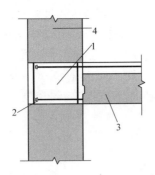

图 7.4.4-2 预制柱及叠合梁框架中间层端节点构造示意

1—后浇区；2—梁纵向受力钢筋锚固；3—预制梁；4—预制柱

力钢筋宜采用直线锚固；当梁截面尺寸不满足直线锚固要求时，宜采用锚固板锚固（图 7.4.4-3.1）。锚固长度范围内应配置横向箍筋，其直径可与柱端加密区相同且不小于 10mm；其间距不应大于 $5d$（d 为锚固钢筋直径），且不大于 100 mm。

当采用锚固板锚固时，锚固长度不应小于 $0.5l_{aE}$ 和 0.8 倍梁高的较大值（图 7.4.4-3.2）；在柱范围内应沿梁设置伸至梁底的开口箍筋，开口箍筋的间距不宜大于 100mm，直径和肢数可与梁端加密区相同（图 7.4.4-3.3）。

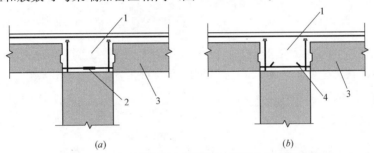

(a) (b)

图 7.4.4-3.1 预制柱及叠合梁框架顶层中节点构造示意

（a）梁下部纵向受力钢筋连接；（b）梁下部纵向受力钢筋锚固

1—后浇区；2—梁下部纵向受力钢筋连接；3—预制梁；4—梁下部纵向受力钢筋锚固

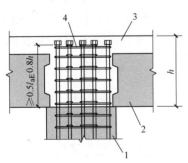

图 7.4.4-3.2 顶层中节点柱纵
向受力钢筋锚固示意

1—预制柱；2—预制梁；3—后浇混
凝土叠合层；4—加强水平箍筋

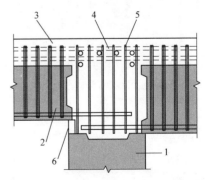

图 7.4.4-3.3 顶层中节点开口箍筋示意

1—预制柱；2—预制梁；3—后浇混凝土叠合层；
4—梁最上排纵向钢筋；
5—U 形开口箍筋；6—支模或梁扩大端

5 对框架顶层端节点，梁下部纵向受力钢筋应锚固在后浇节点区内，且宜采用锚固板的锚固方式；梁、柱其他纵向受力钢筋的锚固应符合下列规定：

1）柱宜伸出屋面并将柱纵向受力钢筋锚固在伸出段内（图 7.4.4-4a），伸出段长度不宜小于 500mm，伸出段内箍筋间距不应大于 5d（d 为柱纵向受力钢筋直径），且不应大于 100mm；柱纵向钢筋宜采用锚固板锚固，锚固长度不应小于 40d；梁上部纵向受力钢筋宜采用锚固板锚固；

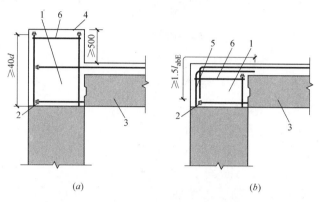

图 7.4.4-4　预制柱及叠合梁框架顶层端节点构造示意
（a）柱向上伸长；（b）梁柱外侧钢筋搭接
1—后浇区；2—梁下部纵向受力钢筋锚固；3—预制梁；4—柱延伸段；5—梁柱外侧钢筋搭接；6—柱顶加强箍筋

2）柱外侧纵向受力钢筋也可与梁上部纵向受力钢筋在后浇节点区搭接（图 7.4.4-4b），其构造要求应符合现行国家标准《混凝土结构设计规范》GB 50010 中的规定；柱内侧纵向受力钢筋宜采用锚固板锚固。

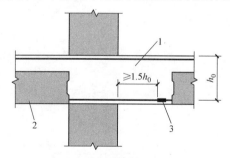

图 7.4.6　梁纵向钢筋在节点
区外的后浇段内连接示意
1—后浇段；2—预制梁；3—纵向受力钢筋连接

7.4.5 层柱顶宜设置不少于 1 排的柱顶加强箍筋，箍筋直径不宜小于 14mm，肢距不宜大于 300mm。

7.4.6 用预制柱及叠合梁的装配整体式框架节点，梁下部纵向受力钢筋也可伸至节点区外的后浇段内连接（图 7.4.6），连接接头与节点区的距离不应小于 $1.5h_0$（h_0 为梁截面有效高度）。

7.4.7 现浇柱与叠合梁组成的框架节点中，梁纵向受力钢筋的连接与锚固应符合本规程第 7.4.3～7.4.6 条的规定。

7.4.8 配整体式框架结构抗侧力体系中，框架梁的端部连接可设计为延性连接或强连接，并应符合下列规定：

1 当采用延性连接时，梁下部纵向钢筋连接接头与梁柱节点区的距离不应小于 1.5h（h 为梁高）；

2 当采用强连接时，梁下部纵向钢筋连接接头与节点区无距离限制。

7.4.9 装配整体式框架-现浇剪力墙（核心筒）结构中，当预制柱为现浇剪力墙边框柱时，剪力墙顶宜设置框架梁或宽度与墙厚相同的暗梁，节点在梁高范围内应采用现浇混凝土；与现浇剪力墙相连的预制柱侧面，应设置粗糙面并宜设置键槽；剪力墙水平钢筋可采用搭接连接、机械连接或焊接连接（图 7.4.9）。

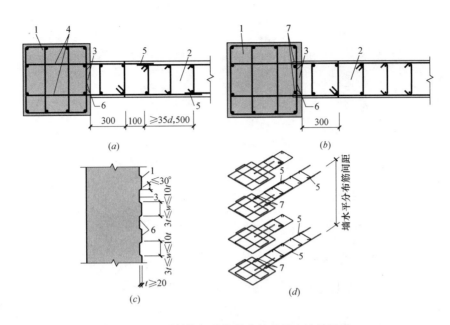

图 7.4.9　预制柱与现浇剪力墙的竖向连接示意

（a）预制柱与现浇剪力墙的焊接连接；（b）预制柱与现浇剪力墙的钢筋机械连接；（c）预制柱键槽；

（d）水平连接钢筋示意图

1—预制柱；2—现浇剪力墙；3—键槽；4—预制柱预留钢筋；5—钢筋焊接连接接头；

6—粗糙面；7—钢筋机械连接接头（仅用于机械连接时）

7.4.10　叠合梁采用对接连接时（图 7.4.10），应符合下列规定：

1　连接处应设置后浇段，后浇段的长度应满足梁下纵向钢筋连接作业的空间需求；

2　梁下部纵向钢筋在后浇段内宜采用机械连接、套筒灌浆连接或焊接连接；

3　后浇段内的箍筋应加密，箍筋间距不应大于 $5d$（d 为纵向钢筋直径），且不应大于 100mm。

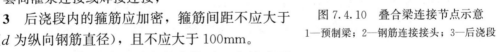

图 7.4.10　叠合梁连接节点示意

1—预制梁；2—钢筋连接接头；3—后浇段

7.4.11　主梁与次梁采用后浇段连接时，应符合下列规定：

1　在端部节点处，次梁下部纵向钢筋伸入主梁后浇段内的长度不应小于 $12d$。次梁上部纵向钢筋应在主梁后浇段内锚固。当采用弯折锚固（图 7.4.11a）或锚固板时，锚固直段长度不应小于 $0.6l_{ab}$；当钢筋应力不大于钢筋强度设计值的 50% 时，锚固直段长度不应小于 $0.35l_{ab}$；弯折锚固的弯折后直段长度不应小于 $12d$（d 为纵向钢筋直径）；

2　在中间节点处，两侧次梁的下部纵向钢筋伸入主梁后浇段内长度不应小于 $12d$（d 为纵向钢筋直径）；次梁上部纵向钢筋应在后浇层内贯通（图 7.4.11b）。

7.4.12　主、次梁连接采用主梁上设置挑耳，次梁设置缺口连接或牛担板连接时，其设计

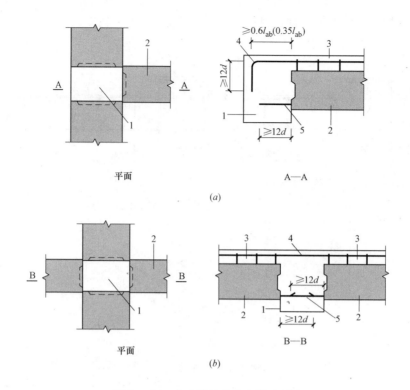

平面

A—A

(a)

平面

B—B

(b)

图 7.4.11　主次梁连接节点构造示意

(a) 端部节点；(b) 中间节点

1—主梁后浇段；2—次梁；3—后浇混凝土叠合层；4—次梁上部纵向钢筋；5—次梁下部纵向钢筋

应符合本规程附录 D 的规定。

8　剪力墙结构设计

8.1　一般规定

8.1.1　装配整体式剪力墙结构设计应符合国家现行标准《混凝土结构设计规范》GB 50010、《建筑抗震设计规范》GB 50011、《装配式混凝土结构技术规程》JGJ 1 和《高层建筑混凝土结构技术规程》JGJ 3 的有关规定。双面叠合剪力墙的设计尚应符合本规程附录 B 的规定。

8.1.2　在地震和风荷载作用下，对同一层内既有现浇墙肢也有预制墙肢的装配整体式剪力墙结构，现浇墙肢水平作用下的弯矩、剪力宜乘以不小于 1.1 的增大系数。

8.1.3　装配整体式剪力墙结构宜选择简单、规则、均匀的建筑体型。剪力墙的布置尚应符合下列要求：

　　1　应沿两个方向布置剪力墙，且两个方向的侧向刚度不宜相差过大；

　　2　剪力墙自下而上宜连续布置，避免层间抗侧刚度突变；

　　3　剪力墙的截面宜简单、规则；门窗洞口宜上下对齐、成列布置；抗震设计时，剪力墙底部加强部位不应采用错洞墙，结构全高范围内均不应采用叠合错洞墙；

　　4　采用部分预制、部分现浇的结构形式时，现浇剪力墙的布置宜均匀、对称。

8.1.4　高层装配整体式剪力墙结构中的电梯井筒宜采用现浇混凝土结构。

8.1.5　抗震设防烈度为 6 度和 7 度时，不宜采用具有较多短肢剪力墙的剪力墙结构；8 度时不应采用具有较多短肢剪力墙的剪力墙结构。当采用具有较多短肢剪力墙的剪力墙结构时，应符合下列规定：

　　1　在规定的水平力作用下，短肢剪力墙承担的底部倾覆力矩不宜大于结构底部总地震倾覆力矩的 50%；

　　2　房屋适用高度应比本规程表 6.1.1 规定的装配整体式剪力墙结构的最大适用高度适当降低，抗震设防烈度为 6 度和 7 度时宜分别降低 20m。

　　注：1 短肢剪力墙是指截面厚度不大于 300mm、各肢截面高度与厚度之比的最大值大于 4 但不大于 8 的剪力墙；

　　2 具有较多短肢剪力墙的剪力墙结构是指，在规定的水平力作用下，短肢剪力墙承担的底部倾覆力矩不小于结构底部总地震倾覆力矩的 30% 的剪力墙结构。

8.2　预制剪力墙构造

8.2.1　预制剪力墙宜采用一字形，也可采用 L 形、T 形、U 形或 Z 形，预制剪力墙两侧的接缝宜设在结构受力较小的部位，并应符合下列规定：

　　1　预制剪力墙截面厚度不宜小于 200mm；

　　2　开洞预制剪力墙洞口宜居中布置，洞口两侧的墙肢宽度不宜小于 300mm，且不应小于 200mm，洞口上方的连梁高度不宜小于 250mm；

　　3　预制剪力墙宜按建筑开间和进深尺寸划分，高度不宜大于层高；同时还应考虑预制构件制作、运输、吊运、安装的尺寸限制。

8.2.2　双洞口预制剪力墙，当洞口间墙肢宽度不大于 4 倍墙厚时，墙肢宜按非承重结构构件设计；洞口上方梁的跨度应取两洞口宽度与洞口间墙体宽度之和。

8.2.3　预制剪力墙的连梁不宜开洞；当需开洞时，洞口宜预埋套管，洞口上、下截面的有效高度不宜小于梁高的 1/3，且不宜小于 200mm；被洞口削弱的连梁截面应进行承载力验算，洞口处应配置补强纵向钢筋和箍筋，补强纵向钢筋的直径不应小于 12mm。

8.2.4　预制剪力墙开有边长不大于 800mm 的洞口且在结构整体计算中不考虑其影响时，应沿洞口周边配置补强钢筋；补强钢筋的直径不应小于 12mm，截面面积不应小于同方向被洞口截断的钢筋面积；该钢筋自孔洞边角算起伸入墙内的长度，抗震设计时不应小于 l_{aE}（图 8.2.4）。

8.2.5　当采用套筒灌浆连接或浆锚搭接连接时，预制剪力墙竖向钢筋连接区域并向上延伸 300mm 范围内，水平分布筋应加密（图 8.2.5），加密区水平钢筋的间距和直径应符合表 8.2.5 的规定，套筒或浆锚搭接孔上端第一道水平分布钢筋距离套筒或浆锚搭接孔顶部不应大于 50mm。

　　注：竖向钢筋连接区域为预制剪力墙底部至套筒或浆锚搭接孔顶部。

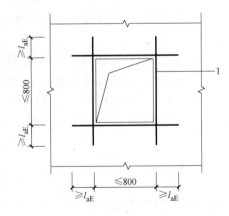

图 8.2.4　预制剪力墙洞口
补强钢筋配置示意
1—洞口补强钢筋

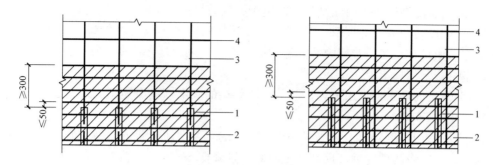

图 8.2.5　竖向钢筋连接区域水平分布钢筋加密构造示意
1—竖向钢筋连接；2—水平分布钢筋加密区域（阴影区域）；
3—竖向钢筋；4—水平分布钢筋

表 8.2.5　加密区水平分布钢筋的要求

抗震等级	最大间距(mm)	最小直径(mm)
一、二级	100	8
三、四级	150	8

8.2.6　端部无边缘构件的预制剪力墙，宜在端部配置 2 根直径不小于 12mm 的竖向构造钢筋；沿该钢筋竖向应配置拉筋，拉筋直径不宜小于 6mm、间距不宜大于 250mm。

8.2.7　装配式剪力墙结构外墙宜采用预制夹心剪力墙板，也可采用带外保温的预制剪力墙。当采用预制夹心剪力墙板时，应满足下列要求：

　　1　外叶墙板厚度不宜小于 60mm；混凝土强度等级不宜低于 C30；外叶墙板内应配置单层双向钢筋网片，钢筋直径不宜小于 5mm，间距不宜大于 150mm；

　　2　当作为承重墙时，内叶墙板应按剪力墙进行设计；

　　3　内外叶墙板之间填充的保温材料应连续设置，厚度不应小于 30mm，且不宜大于 120mm；

　　4　夹心墙板应通过连接件将外叶墙板、内叶墙板及保温层可靠连接，连接件性能应满足下列要求：

　　1) 满足正常使用状态、地震作用和风荷载作用下的承载力要求；

　　2) 应减小内、外叶墙板间相互影响；

　　3) 在内、外叶墙板中应有可靠的锚固性能；

　　4) 耐久性能应满足结构设计使用年限的要求。

8.3　连接设计

8.3.1　楼层内相邻预制剪力墙之间应采用整体式接缝连接，且应符合下列规定：

　　1　当接缝位于纵横墙交接处的约束边缘构件区域时，约束边缘构件的阴影区域（图 8.3.1-1）宜全部采用后浇混凝土，并应在后浇段内设置封闭箍筋；

　　2　当接缝位于纵横墙交接处的构造边缘构件区域时，构造边缘构件宜全部采用后浇混凝土（图 8.3.1-2）；当仅在一面墙上设置后浇段时，后浇段长度不宜小于 400mm（图 8.3.1-3）；

　　3　边缘构件内的配筋及构造要求应符合现行国家标准《建筑抗震设计规范》GB

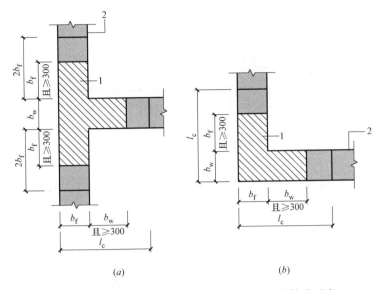

图 8.3.1-1　约束边缘构件阴影区域全部后浇构造示意

（a）有翼墙；（b）转角墙

l_c—约束边缘构件沿墙肢的长度

1—后浇段；2—预制剪力墙

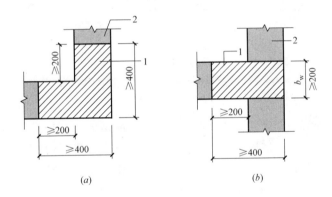

图 8.3.1-2　构造边缘构件全部后浇构造示意（阴影区域为构造边缘构件范围）

（a）转角墙；（b）有翼墙

1—后浇段；2—预制剪力墙

50011 的有关规定；

4　非边缘构件位置，相邻预制剪力墙之间的竖向接缝应设置后浇段，后浇段的宽度不应小于墙厚且不宜小于 400mm；后浇段内应设置不少于 4 根竖向钢筋，钢筋直径不应小于墙体竖向分布筋直径且不应小于 8mm；

5　预制剪力墙的水平分布钢筋在后浇段内的锚固、连接应符合下列规定：

1）采用预留直线钢筋搭接时，钢筋搭接长度不应小于 $1.2l_{aE}$；

2）采用预留弯钩钢筋连接时，钢筋搭接长度不应小于 l_{aE}；

3）采用附加封闭连接钢筋与预留弯钩钢筋连接时，钢筋搭接长度不应小于 $0.8l_{aE}$；

4）采用预留 U 形钢筋连接时，宜采用两侧相互搭接的形式（图 8.3.1-4a），也可采

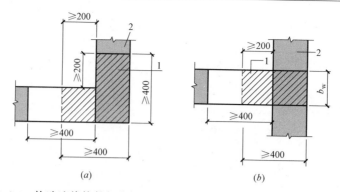

图 8.3.1-3　构造边缘构件部分后浇构造示意（阴影区域为构造边缘构件范围）

（a）转角墙；（b）有翼墙

1—后浇段；2—预制剪力墙

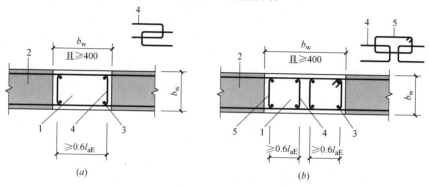

图 8.3.1-4　相邻预制剪力墙竖向接缝构造示意

（a）连接钢筋相互搭接；（b）设置附加封闭箍筋

1—后浇段；2—预制剪力墙；3—竖向钢筋；4—预留 U 形钢筋；5—附加封闭连接钢筋

用设置附加封闭连接钢筋的形式（图 8.3.1-4b）；U 形钢筋相互搭接或与附加连接钢筋搭接的长度不应小于 $0.6l_{aE}$；附加连接钢筋的直径及配筋率不应小于墙体水平分布筋。

8.3.2　预制剪力墙底部接缝宜设置在楼面标高处，并应符合下列规定：

1　接缝高度不宜小于 20mm；

2　接缝处后浇混凝土上表面应设置粗糙面；

3　接缝宜采用灌浆料填实；

4　接缝两侧宜采用封边砂浆或弹性材料进行封堵，封堵材料进入预制剪力墙的宽度不应大于 10mm。

8.3.3　在地震设计状况下，剪力墙水平接缝的受剪承载力设计值应按下式计算：

$$V_{uE}=0.6f_yA_{sd}+0.8N \tag{8.3.3}$$

式中：V_{uE}——剪力墙水平接缝受剪承载力设计值；

f_y——垂直穿过结合面的钢筋抗拉强度设计值；

N——与剪力设计值 V 相应的垂直于结合面的轴向力设计值，压力时取正，拉力时取负；当大于 $0.6f_cbh_0$ 时，取为 $0.6f_cbh_0$；此处 f_c 为混凝土轴心抗压强度设计值，b 为剪力墙厚度，h_0 为剪力墙截面有效高度。

A_{sd}——垂直穿过结合面的抗剪钢筋面积。

8.3.4 上下层预制剪力墙的竖向钢筋连接应符合下列规定：

1 边缘构件竖向钢筋应逐根连接；

2 预制剪力墙的竖向分布钢筋宜采用双排连接，当采用"梅花形"连接时，应符合本规程第 8.3.5 条～第 8.3.6 条的规定；

3 除下列情况外，墙体厚度不大于 200mm 的丙类建筑预制剪力墙的竖向分布钢筋可采用单排连接，采用单排连接时，应符合本规程第 8.3.5 条、第 8.3.6 条的规定，且在计算分析时不应考虑剪力墙平面外刚度及承载力；

　　1）抗震等级为一级的剪力墙；

　　2）轴压比大于 0.3 的抗震等级为二、三、四级的剪力墙；

　　3）一侧无楼板的剪力墙；

　　4）一字形剪力墙、一端有翼墙连接但剪力墙非边缘构件区长度大于 3m 的剪力墙以及两端有翼墙连接但剪力墙非边缘构件区长度大于 6m 的剪力墙。

4 抗震等级为一级的剪力墙以及二、三级底部加强部位的剪力墙，剪力墙的边缘构件竖向钢筋宜采用套筒灌浆连接。

8.3.5 当上下层预制剪力墙竖向钢筋采用套筒灌浆连接时，应符合下列规定：

1 当竖向分布钢筋采用"梅花形"部分连接时（图 8.3.5-1），连接钢筋的配筋率不应小于《建筑抗震设计规范》GB 50011 规定的剪力墙竖向分布钢筋最小配筋率要求，连接钢筋的直径不小于 12mm，同侧间距不应大于 600mm，且在剪力墙构件承载力设计和分布钢筋配筋率计算中不得计入未连接的分布钢筋；未连接的竖向分布钢筋直径不应小于 6mm；

2 当竖向分布钢筋采用单排连接时（图 8.3.5-2），应符合本规程第 6.5.1 条的规定；剪力墙两侧竖向分布钢筋与配置于墙体厚度中部的连接钢筋搭接连接，连接钢筋位于内、外侧被连接钢筋的中间；连接钢筋受拉承载力不应小于上下层被连接钢筋受拉承载力较大值的 1.1 倍，间距不宜大于 300mm。下层剪力墙连接钢筋自下层预制墙顶算起的埋置长度不应小于 $1.2l_{aE}+b_w/2$（b_w 为墙体厚度），上层剪力墙连接钢筋自套筒顶面算起的埋置长度不应小于 l_{aE}，上层连接钢筋顶部至套筒底部的长度不应小于 $1.2l_{aE}+b_w/2$，l_{aE} 按连接钢筋直径计算。钢筋连接长度范围内应配置拉筋，同一连接接头内的拉筋配筋面积不应小于连接钢筋的面积；拉筋沿竖向的间距不应大于水平分布钢筋间距，且不宜大于 150mm；拉筋沿水平方向的间距不应大于竖向分布钢筋间距，直径不应小于 6mm；拉筋应紧靠连接钢筋，并钩住最外层分布钢筋。

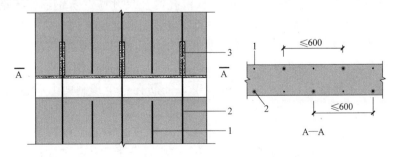

图 8.3.5-1　竖向分布钢筋"梅花形"套筒灌浆连接构造示意

1—不连接的竖向分布钢筋；2—连接的竖向分布钢筋；3—连接接头

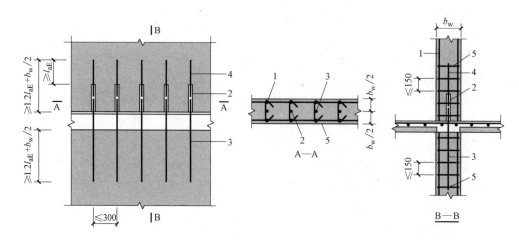

图 8.3.5-2　竖向分布钢筋单排套筒灌浆连接构造示意
1—上下层剪力墙竖向分布钢筋；2—灌浆套筒；
3—上层剪力墙连接钢筋；4—下层剪力墙连接钢筋；5—拉筋

8.3.6　上下层预制剪力墙的竖向钢筋，当采用约束浆锚搭接连接（图 8.3.6）时，应符合下列规定：

1　钢筋连接范围应配置螺旋箍筋。螺旋箍筋直径不应小于 4mm、不宜大于 10mm，螺旋箍筋螺距的净距应不小于混凝土最大骨料粒径，且不小于 30mm。螺旋箍筋两端并紧不应少于两圈，螺旋箍筋的混凝土保护层厚度不应小于 15mm，螺旋箍筋距灌浆孔边不宜小于 5mm；约束螺旋箍筋的配箍率不小于 1.0%。螺旋箍筋的配置和螺旋箍筋环内径 D_{cor} 不应小于表 8.3.6 中的数值；

表 8.3.6　螺旋箍筋最小配筋量要求

搭接钢筋直径 d(mm)	8	10	12	14	16	18	20
竖向分布钢筋连接时螺旋箍筋(mm)	$\phi4@60$	$\phi4@60$	$\phi4@60$	$\phi4@50$	$\phi4@40$	$\phi6@60$	$\phi6@60$
边缘构件竖向钢筋连接时螺旋箍筋(mm)	$\phi6@70$					$\phi6@40$	
螺旋箍筋最小内径 D_{cor}(mm)	50	60	70	80	90	100	110

注：搭接钢筋直径 d 取搭接钢筋中直径较大者。

2　连接筋预留孔长度宜大于钢筋搭接长度 30mm；约束螺旋箍筋顶部长度应大于预留孔长度 50mm，底部应捏合不少于 2 圈；预留孔内径尺寸应适合钢筋插入搭接及灌浆。连接筋插入后宜采用压力灌浆，预留锚孔内灌浆饱满度不应小于 95%；

3　经水泥基灌浆料连接的钢筋约束搭接长度 l_l 不应小于 l_a 或 l_{aE}（图 8.3.6）；

4　预制剪力墙预留插筋孔的直径宜取 40mm 和 2.5 倍连接钢筋直径的较大值，插筋孔的长度宜比连接钢筋锚固长度长 30mm 以上，插筋孔边至预制剪力墙边的距离不宜小于 25mm；

5　预制剪力墙预留插筋孔下部应设置灌浆孔，灌浆孔中心至预制剪力墙底边的距离宜为 25mm；插筋孔上部应设置出浆孔，出浆孔中心宜高于插筋孔顶面；灌浆孔和出浆孔的直径宜为 20mm，并应均匀布置在预制剪力墙同一侧的表面。

8.3.7　预制剪力墙相邻下层为现浇剪力墙时，预制剪力墙与下层现浇剪力墙中竖向钢筋

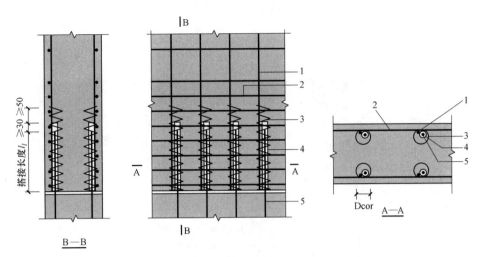

图 8.3.6 约束浆锚搭接连接构造示意

1—竖向钢筋；2—水平钢筋；3—螺旋箍筋；4—灌浆孔道；5—搭接连接筋

的连接应符合本规程第 8.3.4～8.3.6 条的规定，下层现浇剪力墙顶面应设置粗糙面。

8.3.8 屋面以及立面收进的楼层，应在预制剪力墙顶部设置封闭的后浇钢筋混凝土圈梁（图 8.3.8），并应符合下列规定：

1 圈梁截面宽度不应小于剪力墙的厚度，截面高度不应小于楼板厚度及 200mm 的较大值；圈梁应与现浇或者叠合楼、屋盖浇筑成整体；

2 圈梁内配置的纵向钢筋，6、7 度时不应少于 4Φ12，8 度时不应少于 4Φ14，且按全截面计算的配筋率不应小于 0.5% 和水平分布筋配筋率的较大值，纵向钢筋竖向间距不应大于 200mm；

3 圈梁内配置的箍筋间距，6、7 度时不应大于 200mm，8 度时不应大于 150mm；箍筋直径不应小于 8mm。

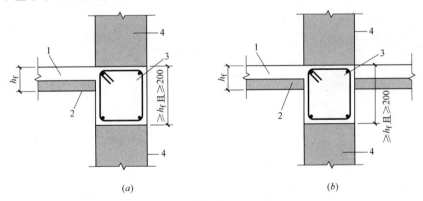

图 8.3.8 后浇钢筋混凝土圈梁构造示意

(a) 端部节点；(b) 中间节点

1—后浇混凝土叠合层；2—预制板；3—后浇圈梁；4—预制剪力墙

8.3.9 各层楼面位置，预制剪力墙顶部无后浇圈梁时，应设置连续的水平后浇带（图 8.3.9）；水平后浇带应符合下列规定：

1 水平后浇带宽度应取剪力墙的厚度，高度不应小于楼板厚度；水平后浇带应与现浇或叠合楼、屋盖浇筑成整体；

2 水平后浇带内应配置连续纵向钢筋，其直径不宜小于 12mm。

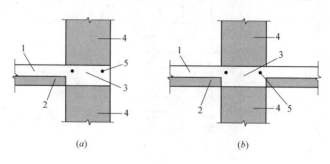

图 8.3.9　水平后浇带构造示意

(a) 端部节点；(b) 中间节点

1—后浇混凝土叠合层；2—预制板；3—水平后浇带；4—预制墙板；5—纵向钢筋

8.3.10　预制剪力墙洞口上方的预制连梁宜与后浇圈梁或水平后浇带形成叠合连梁（图 8.3.10-1），叠合连梁的配筋及构造要求应符合现行国家标准《混凝土结构设计规范》GB 50010 的有关规定。刀把墙连梁（图 8.3.10-2）预制部分在顶部应增设纵向钢筋，并验算吊装、运输过程的承载力和裂缝宽度。

8.3.11　楼面梁不宜与预制剪力墙在剪力墙平面外单侧连接；当楼面梁与剪力墙在平面外单侧连接时，宜采用铰接或设置壁柱。

8.3.12　预制叠合连梁的预制部分宜与剪力墙整体预制，也可在跨中拼接或在端部与预制剪力墙拼接，并应符合下列规定：

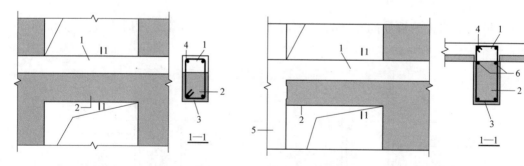

图 8.3.10-1　预制剪力墙叠合连梁构造示意

1—后浇圈梁或后浇带；2—预制连梁；
3—箍筋；4—纵向钢筋

图 8.3.10-2　"刀把墙"叠合连梁构造示意

1—后浇圈梁或后浇带；2—预制连梁；3—箍筋；
4—纵向钢筋；5—后浇边缘构件；6—增设的纵向钢筋

1 当预制叠合连梁在跨中拼接时，可按本规程第 7.4.10 条的规定进行接缝的构造设计；

2 当预制叠合连梁端部与预制剪力墙在平面内拼接时，接缝构造应符合下列规定：

1）墙端边缘构件采用后浇混凝土时，连梁纵向钢筋应在后浇段中可靠锚固（图 8.3.12a）；

2）采用预制剪力墙端部上角预留局部后浇节点区时，连梁的纵向钢筋应在局部后浇节点区内可靠锚固（图 8.3.12b）；

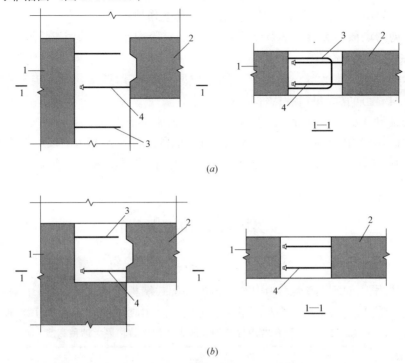

(a)

(b)

图 8.3.12　同一平面内预制连梁与预制剪力墙连接构造示意

（a）预制连梁钢筋在后浇段内锚固构造示意；（b）预制连梁钢筋在局部后浇节点区内锚固构造示意

1—预制剪力墙；2—预制连梁；3—边缘构件箍筋；4—连梁下部纵向受力钢筋锚固

8.3.13　当采用后浇连梁时，宜在预制剪力墙端伸出预留纵向钢筋，并与后浇连梁的纵向钢筋可靠连接（图 8.3.13）。

8.3.14　叠合连梁端部接缝的受剪承载力计算应符合本规程第 7.2.2 条的规定。

8.3.15　当预制剪力墙洞口下方墙板宜与墙肢分开预制。当墙板与周边墙肢整体预制时，应考虑此墙板对结构刚度的影响，也可将洞口下墙板作为单独的连梁进行设计（图 8.3.15）。

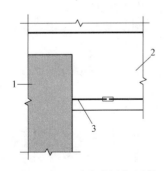

图 8.3.13　后浇连梁与预制
剪力墙连接构造示意

1—预制剪力墙；2—后浇连梁；
3—预制剪力墙伸出纵向受力钢筋

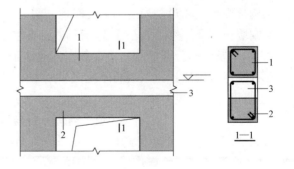

图 8.3.15　预制剪力墙洞口下墙与叠合连梁的关系示意

1—洞口下墙；2—预制连梁；3—后浇圈梁或水平后浇带

8.3.16 当楼梯间墙体为建筑外墙且采用预制时，预制剪力墙的连接构造除满足承载力要求外，墙体平面外稳定性尚应满足要求，并应符合下列规定：

　　1 预制剪力墙侧向无支撑的宽度不宜大于4m；竖向钢筋宜采用双排连接，连接钢筋水平间距不宜大于400mm；

　　2 楼梯间墙体长度大于5m时，在墙体中间部位宜设置后浇段，其长度不宜小于400mm，后浇段配筋宜满足边缘构件暗柱的要求；

　　3 每层宜设置水平后浇带，应符合本规程第8.3.9条的规定；

　　4 预制楼梯侧面宜设置水平间距不大于1m的预埋件与预制剪力墙可靠连接。

8.3.17 预制剪力墙的后浇段宜采用补偿收缩混凝土；当外墙后浇段有抗渗要求时，应采用抗渗混凝土。

9　多层装配式墙板结构设计

9.1　一般规定

9.1.1 本章适用于抗震设防类别为丙类的多层装配式墙板结构设计。

9.1.2 多层装配式墙板结构的最大适用层数和最大适用高度应符合表9.1.2的规定

表9.1.2　多层装配式墙板结构的最大适用层数和最大适用高度

抗震设防烈度	6度	7度	8度(0.2g)
最大适用层数	9	8	7
最大适用高度(m)	28	24	21

9.1.3 多层装配式墙板结构的高宽比不宜超过表9.1.3的数值：

表9.1.3　多层装配式墙板结构适用的最大高宽比

抗震设防烈度	6度	7度	8度(0.2g)
最大高宽比	3.5	3.0	2.5

9.1.4 多层装配式墙板结构设计应符合下列规定：

　　1 结构抗震等级在设防烈度为8度时取三级，设防烈度6、7度时取四级；

　　2 预制墙板截面厚度不宜小于140mm，且不宜小于层高的1/25，应配置双排双向设置钢筋网，水平及竖向分布筋的最小配筋率不应小于0.15%；

　　3 预制墙板的轴压比，三级时不应大于0.15，四级时不应大于0.2；轴压比计算时，墙体混凝土强度等级超过C40，按C40计算。

9.2　结构分析与设计

9.2.1 多层装配式墙板结构可采用弹性方法进行结构分析，并宜按结构实际情况建立分析模型，在风荷载或多遇地震作用下，按弹性方法计算的楼层层间最大水平位移与层高之比 $\Delta u_e/h$ 不宜大于1/1200。

9.2.2 在地震设计状况下，预制墙板水平接缝的受剪承载力设计值应按下式计算：

$$V_{uE}=0.6f_yA_{sd}+0.6N \tag{9.2.2}$$

式中：f_y——垂直穿过结合面的钢筋抗拉强度设计值；

N——与剪力设计值 V 相应的垂直于结合面的轴向力设计值，压力时取正，拉力时取负；

A_{sd}——垂直穿过结合面的抗剪钢筋面积。

9.3　构造及连接设计

9.3.1 抗震等级为三级的多层装配式墙板结构，在预制墙板转角、纵横墙交接部位应设置后浇混凝土暗柱，并应符合下列规定：

1 后浇混凝土暗柱截面高度不应小于 250mm，不宜小于 300mm，截面宽度可取墙厚（图 9.3.1）；

2 后浇混凝土暗柱内应配置竖向钢筋和箍筋，配筋应满足墙肢截面承载力的要求，并应满足表 9.3.1 的要求；

3 预制墙板的水平分布钢筋在后浇混凝土暗柱内的锚固、连接应符合现行国家标准《混凝土结构设计规范》GB 50010 的有关规定。

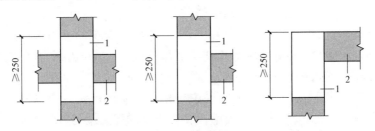

图 9.3.1　多层装配式墙板结构后浇混凝土暗柱示意

1—后浇段；2—预制墙板

表 9.3.1　多层装配式墙板结构后浇混凝土暗柱配筋要求

底层			其他层		
纵向钢筋最小量	箍筋（mm）		纵向钢筋最小量	箍筋（mm）	
	最小直径	沿竖向最大间距		最小直径	沿竖向最大间距
4Φ12	6	200	4Φ10	6	250

9.3.2 楼层内相邻预制墙板之间的竖向接缝可采用后浇段连接，并应符合下列规定：

1 后浇段长度不应小于 200mm；

2 后浇段内应设置竖向钢筋，竖向钢筋配筋率不应小于墙体竖向分布筋配筋率，且不宜小于 2Φ12；

3 预制墙板的水平分布钢筋在后浇段内的锚固、连接应符合现行国家标准《混凝土结构设计规范》GB 50010 的有关规定。

9.3.3 预制墙板水平接缝宜设置在楼面标高处，并应满足下列要求：

1 接缝厚度宜为 20mm；

2 接缝处应设置连接节点，连接节点间距不宜大于 1m；穿过接缝的连接钢筋数量应满足接缝受剪承载力的要求，且配筋率不应低于墙板竖向钢筋配筋率，连接钢筋直径不应小于 14mm；

3 连接钢筋可采用套筒灌浆连接、浆锚搭接连接、螺栓连接、焊接连接，并应满足行业标准 JGJ 1 附录 A 中相应的构造要求。

9.3.4 当房屋层数大于 3 层时，应符合下列规定：

1 屋面、楼面宜采用叠合楼盖，叠合板与预制墙板的连接应符合本规程第 6.6.5 条的规定；

2 沿各层预制墙板顶应设置水平后浇带，并应符合本规程第 8.3.9 条的规定；

3 当抗震等级为三级时，应在屋面设置封闭的后浇钢筋混凝土圈梁，圈梁应符合本规程第 8.3.8 条的规定。

9.3.5 当房屋层数不大于 3 层时，楼面可采用全预制楼板，并应符合下列规定：

1 预制板在梁或墙板上的搁置长度不应小于 60mm，当墙厚不能满足搁置长度要求时可设置挑耳；板端后浇混凝土接缝宽度不宜小于 50mm，接缝内应配置连续的通长钢筋，钢筋直径不应小于 8mm；

2 当板端伸出锚固钢筋时，两侧伸出的锚固钢筋应互相可靠连接，并应与支承墙伸出的钢筋、板端接缝内设置的通长钢筋拉结；

3 当板端不伸出锚固钢筋时，应沿板跨方向布置连接钢筋。连接钢筋直径不应小于 10mm，间距不应大于 600mm；连接钢筋应与两侧预制板可靠连接，并应与支承墙伸出的钢筋、板端接缝内设置的通长钢筋拉结。

9.3.6 连梁宜与墙板整体预制，也可在跨中拼接。预制墙板洞口上方的预制连梁可与后浇混凝土圈梁或水平后浇带形成叠合连梁；叠合连梁的配筋及构造要求应符合现行国家标准《混凝土结构设计规范》GB 50010 的有关规定。

9.3.7 预制墙板与基础的连接应符合下列规定：

1 基础顶面应设置现浇混凝土圈梁，圈梁上表面应设置粗糙面；

2 预制墙板与圈梁顶面之间的接缝构造应符合本规程第 9.3.3 条的规定，连接钢筋应在基础中可靠锚固，且宜伸入到基础底部；

3 预制墙板后浇暗柱和竖向接缝内的纵向钢筋应在基础中可靠锚固，且宜伸入到基础底部。

10　外挂墙板设计

10.1　一 般 规 定

10.1.1 外挂墙板的材料、选型和布置，应根据建筑功能、设防烈度、房屋高度、建筑体型、结构层间变形、墙体自身抗侧力性能的利用等因素，综合分析确定，并应满足下列要求：

1 宜优先采用轻质墙体材料；应满足防水、保温、防火、隔音等建筑功能的要求；应采取措施减少对主体结构的不利影响；

2 外挂墙板的布置，应避免使结构形成刚度和承载力分布上的突变；外挂墙板非对称均匀布置时，应考虑质量和刚度的差异对主体结构抗震的不利影响；

3 外挂墙板应与主体结构可靠连接，应能适应主体结构不同方向的层间位移。

10.1.2 有抗震设防要求时，外挂墙板自身及其与结构主体的连接节点，应进行抗震设计。

10.1.3 外挂墙板结构分析可采用线弹性方法，其计算简图应符合实际受力状态。

10.1.4 对外挂墙板和连接节点进行承载力验算时，其结构重要性系数 γ_0 应取不小于 1.0，连接节点承载力抗震调整系数 γ_{RE} 应取 1.0。

10.1.5 外挂墙板与主体结构的连接宜采用柔性连接的点支承，也可采用线支承。当采用点支承时，其连接节点应具有足够的承载力和适当的转动能力，宜满足在设防地震作用下主体结构层间变形的要求，并适应构件制作误差和施工误差。

10.1.6 支承外挂墙板的结构构件，应满足下列要求：

1 应具有足够的尺度，满足连接件的锚固要求；

2 应具有足够的承载力和刚度。

10.1.7 对结构整体进行抗震计算分析时，应按下列规定计入外挂墙板的影响：

1 地震作用计算时，应计入外挂墙板的重力；

2 对点支承式外挂墙板，可不计入刚度；对线支承式外挂墙板，当其刚度对整体结构受力有利时，可不计入刚度，当其刚度对整体结构受力不利时，应计入其刚度影响；

3 一般情况下，不应计入外挂墙板的抗震承载力，当有专门的构造措施时，方可按有关规定计入其抗震承载力；

4 支承外挂墙板的结构构件，除考虑整体效应外，尚应将外挂墙板地震作用效应作为附加作用进行计算。

10.1.8 外挂墙板的地震作用计算方法，应符合下列规定：

1 外挂墙板的地震作用应施加于其重心，水平地震作用应沿任一水平方向；

2 一般情况下，外挂墙板自身重力产生的地震作用可采用等效侧力法计算；除自身重力产生的地震作用外，尚应同时计及地震时支承点之间相对位移产生的作用效应。

10.1.9 计算外挂墙板因其支承点相对水平位移产生的内力时，该相对水平位移取值，抗震设计时，不应小于主体结构弹塑性层间位移限值。

10.1.10 外挂墙板与主体结构连接件承载力设计的安全等级应提高一级。

10.2 作用及作用组合

10.2.1 外挂墙板及连接节点的承载力计算时，荷载组合的效应设计值应符合下列规定：

1 持久设计状况：

当风荷载效应起控制作用时：

$$S = \gamma_G S_{GK} + \gamma_w S_{wk} \qquad (10.2.1\text{-}1)$$

2 地震设计状况：

在水平地震作用下：

$$S_{Eh} = \gamma_G S_{Gk} + \gamma_{Eh} S_{Ehk} + \psi_w \gamma_w S_{wk} \qquad (10.2.1\text{-}2)$$

在竖向地震作用下：

$$S_{Ev} = \gamma_G S_{Gk} + \gamma_{Ev} S_{Evk} \qquad (10.2.1\text{-}3)$$

式中：S——基本组合的效应设计值；

S_{Eh}——水平地震作用组合的效应设计值；

S_{Ev}——竖向地震作用组合的效应设计值；

S_{Gk}——永久荷载的效应标准值；

S_{wk}——风荷载的效应标准值；

S_{Ehk}——水平地震作用的效应标准值；

S_{Evk}——竖向地震作用的效应标准值；

γ_G——永久荷载分项系数，按本规程第 10.2.2 条规定取值；

γ_w——风荷载分项系数，取 1.5；

γ_{Eh}——水平地震作用分项系数，取 1.3；

γ_{Ev}——竖向地震作用分项系数，取 1.3；

ψ_w——风荷载组合系数，地震设计状况下取 0.2。

3 短暂设计状况：应对墙板在脱模、吊装、运输及安装等过程的最不利荷载工况进行验算，计算简图应符合实际受力状态。

10.2.2 在持久设计状况、地震设计状况下，进行外挂墙板和连接节点的承载力设计时，永久荷载项系数 γ_G 应按下列规定取值：

1 进行外挂墙板平面外承载力设计时，应 γ_G 取为 0；进行外挂墙板平面内承载力设计时，γ_G 应取为 1.3；

2 进行连接节点承载力设计时，在持久设计状况下，γ_G 应取为 1.3；在地震设计状况下，γ_G 应取为 1.3。当永久荷载效应对连接节点承载力有利时，γ_G 应取为 1.0。

10.2.3 计算预制外挂墙板和连接节点的重力荷载时，应符合下列规定：

1 应计入依附于外挂墙板的其他部件和材料的重量；

2 应计入重力荷载、风荷载、地震作用对连接节点偏心的影响。

10.2.4 计算水平地震作用标准值时，可采用等效侧力法，并应按下式计算：

$$F_{Ehk} = \beta_E \alpha_{max} G_k \qquad (10.2.4)$$

式中：F_{Ehk}——施加于外挂墙板重心处的水平地震作用标准值；

$\quad\quad\quad \beta_E$——动力放大系数，可取 5.0；

$\quad\quad\quad \alpha_{max}$——水平地震影响系数最大值，应按表 10.2.4 采用；

$\quad\quad\quad G_k$——外挂墙板的重力荷载标准值。

表 10.2.4 水平地震影响系数最大值 α_{max}

抗震设防烈度	6 度	7 度	7 度(0.15g)	8 度(0.2g)
α_{max}	0.04	0.08	0.12	0.16

10.2.5 竖向地震作用标准值可取水平地震作用标准值的 0.65 倍。

10.2.6 风荷载作用下计算外挂墙板及其连接时，应符合下列规定：

1 风荷载标准值应按现行国家标准《建筑结构荷载规范》GB 50009 有关围护结构的规定确定；

2 应按风吸力和风压力分别计算在连接节点中引起的平面外反力；

3 计算连接节点时，可将风荷载施加于外挂墙板的形心，并应计算风荷载对连接节点的偏心影响。

10.2.7 预制外挂墙板应根据现行国家标准《混凝土结构设计规范》GB 50010 进行承载力极限状态和正常使用极限状态的验算；当进行正常使用极限状态验算时，尚应符合下列规定：

1 对施工阶段，外挂墙板的板面不应开裂，并应满足现行国家标准《混凝土结构工程施工规范》GB 50666 的有关规定；

　　2　对使用阶段，当允许外挂墙板的板面开裂时，计算的最大裂缝宽度不宜大于 0.2mm；

　　3　对施工阶段和使用阶段，外挂墙板的挠度不宜大于计算跨度的 1/200。

10.3　连接节点设计

10.3.1　外挂墙板与主体结构连接节点应符合下列规定：

　　1　主体结构的支承构件，应能承受外挂墙板通过连接节点传递的荷载和作用；

　　2　连接件承载力设计值应大于外挂墙板传来的最不利荷载组合效应设计值；

　　3　预埋件承载力设计值应大于连接件承载力设计值。

10.3.2　外挂墙板采用点支承与主体结构相连时，其节点构造应符合下列规定：

　　1　应根据外挂墙板的形状、尺寸以及主体结构层间位移等因素，确定连接件的数量和位置；

　　2　用于抵抗竖向荷载的连接件和抵抗水平荷载的连接件应分别设置；用于抵抗竖向荷载的连接件，每块板不应少于两个；

　　3　连接件的设计应使外挂墙板具有适应主体结构变形的能力，应为施工安装提供可调整的空间，满足施工安装要求；

　　4　连接节点应具有消除外挂墙板施工误差的三维调节能力；

　　5　连接节点应具有适应外挂墙板温度变形的能力。

10.3.3　外挂墙板与主体结构采用点支承连接时，连接件的滑动孔尺寸，应根据穿孔螺栓的直径、层间位移值和施工误差等因素确定。

10.3.4　外挂墙板采用线支承与主体结构相连时，其节点构造应符合下列规定：

　　1　外挂墙板宜通过在板侧面上部设置的连接用钢筋与主体结构相连；

　　2　连接用钢筋在现浇混凝土中的锚固长度应计算确定，并满足现行国家标准《混凝土结构设计规范》GB 50010 的相关要求。

10.3.5　连接节点的预埋件应符合现行国家标准《混凝土结构设计规范》GB 50010 的有关规定，预埋件应在外挂墙板和主体结构混凝土施工时埋入，不得采用后锚固的方法。

10.3.6　连接节点的预埋件、吊装用预埋件、以及用于临时支撑的预埋件均宜分别设置。

10.4　墙 板 构 造

10.4.1　外挂墙板构造应符合下列规定：

　　1　外挂墙板的高度不宜大于一个层高，跨度不宜大于一个柱距或相邻承重墙之间的距离，厚度不宜小于 100mm；

　　2　外挂墙板宜采用双层、双向配筋，竖向和水平钢筋的配筋率均不应小于 0.15％，且钢筋直径不宜小于 5mm，间距不宜大于 150mm；

　　3　当外挂墙板设有门窗洞口时，应沿洞口周边、角部配置加强钢筋。

10.4.2　外挂墙板的混凝土强度等级不宜低于 C30，也不宜高于 C40，宜采用轻骨料混凝土。现浇连接部分的混凝土强度等级不应低于外挂墙板的设计混凝土强度等级。

10.4.3　外挂墙板最外层钢筋的混凝土保护层厚度除有专门要求外，应符合下列规定：

　　1　对石材或面砖饰面，不应小于 15mm；

　　2　对清水混凝土，不应小于 20mm；

3 对露骨料装饰面，应从最凹处混凝土表面计起，且不应小于 20mm。

10.4.4 外挂墙板的截面设计应符合本规程第 6.4 节的要求。

10.4.5 外挂墙板间接缝的构造应符合下列规定：

1 接缝构造应满足防水、防火、隔音等建筑功能要求；

2 接缝宽度应满足主体结构的层间位移、密封材料的变形能力、施工误差、温差引起变形等要求，且不宜小于 10mm；当计算缝宽大于 30mm 时，宜调整外挂墙板的形式或连接方式。

附录 B 装配式剪力墙深化设计实例

B.1 平面布置图

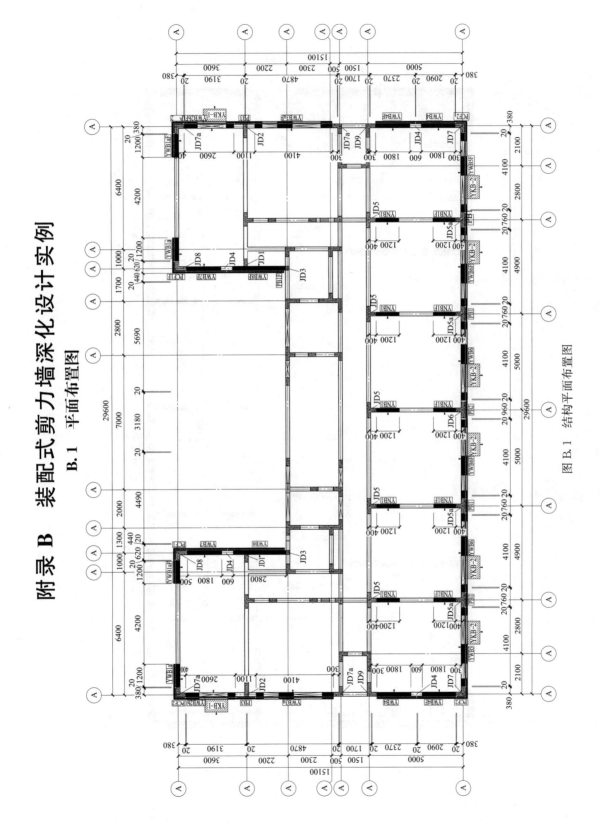

图 B.1 结构平面布置图

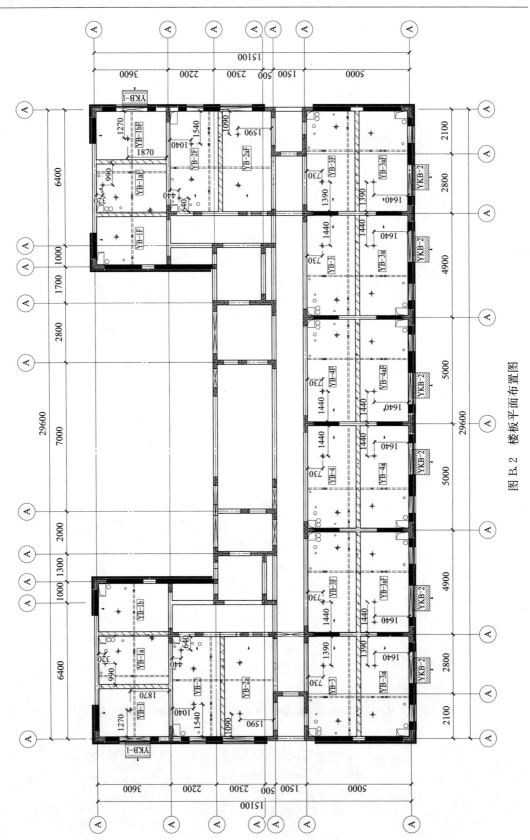

图 B.2 楼板平面布置图

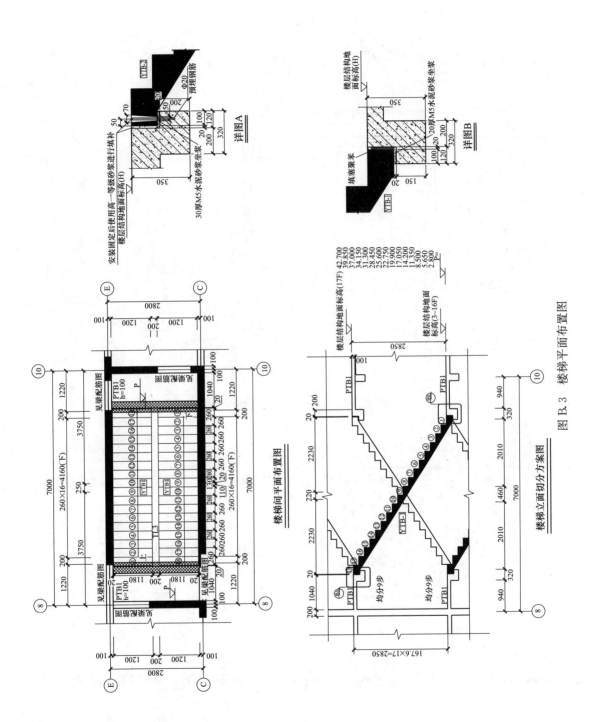

图 B.3 楼梯平面布置图

B.2　预制墙板构件图

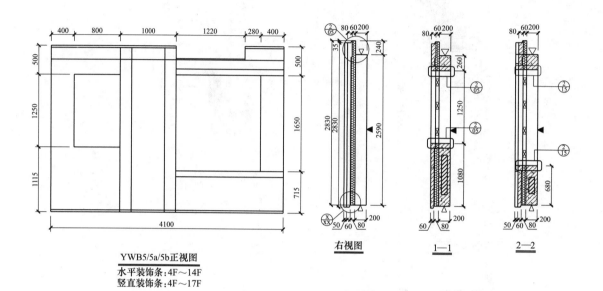

YWB5/5a/5b正视图
水平装饰条:4F~14F
竖直装饰条:4F~17F

右视图　　　1—1　　　2—2

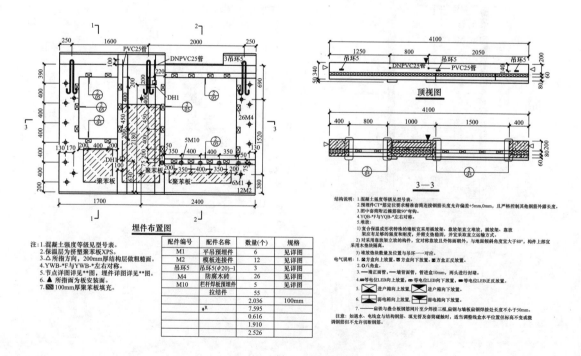

埋件布置图

注:1.混凝土强度等级见型号表。
2.保温层为挤塑聚苯板XPS。
3.△所指方向,200mm厚结构层做粗糙面。
4.YWB-*F与YWB-*左右对称。
5.节点详图见**图,埋件详图见**图。
6.▲所指面为板安装面。
7.▧100mm厚聚苯板填充。

配件编号	配件名称	数量(个)	规格
M1	平吊预埋件	6	见详图
M2	模板连接件	12	见详图
吊环5	吊环5(φ20)-1	3	见详图
M4	防腐木砖	26	见详图
M10	栏杆焊板预埋件	5	见详图
	拉结件	55	
		2.036	100mm
		0.616	
		7.595	
▪R		1.910	
		2.526	

顶视图

3—3

结构说明:1.混凝土强度等级见型号表。
2.预埋件CT*筒定位应要求精准套筒连接钢筋长度允许偏差+5mm,0mm,且严格控制其他钢筋外露长度。
3.图中套筒附近箍筋做90°弯构。
4.YQB-*F与YQB-*左右对称。
5.堆放:
　1)复合保温或形状特殊的墙板宜采用插放架、靠放架立堆放,插放架、靠放架应有足够的竖向刚度和强度,并需支垫稳固,并宜采取立放运输方式。
　2)对采用靠放架立放的构件,宜对称靠放且外饰面朝外,与地面倾斜角度宜大于80°,构件上部宜采用木垫块隔离。
　3)堆放垫块数量及位置与吊环一一对应。
电气说明:1.□方盒向上放置。■方盒向下放置。□万盒正反放置。
2.◎八角盒。
3.①进户管向上放置,①进户管向下放置。
4.等电位LEB向上放置,等电位LEB向下放置,等电位LEB正反放置。
5.▨进户箱向上放置,▨进户箱向下放置。
6.▨弱电箱向上放置,▨弱电箱向下放置。
7.━扁铁与叠合板钢筋网片至少焊接三根,扁铁与墙板扁铁焊接处长度不小于50mm。
注意:如遇水、电线盒与结构钢筋、填充管及套筒碰触时,适当调整线盒水平位置但标高不变或微调钢筋但不允许切断钢筋。

图 B.4　外墙板模板图

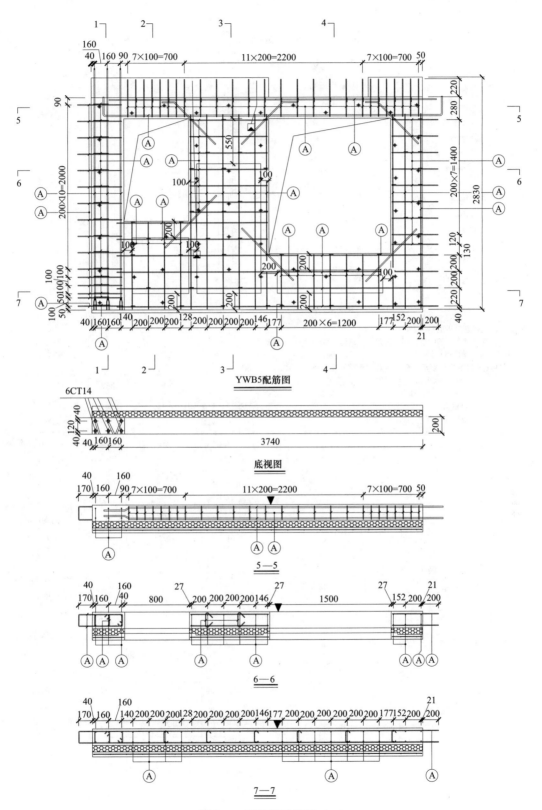

图 B.5 外墙板配筋图（一）

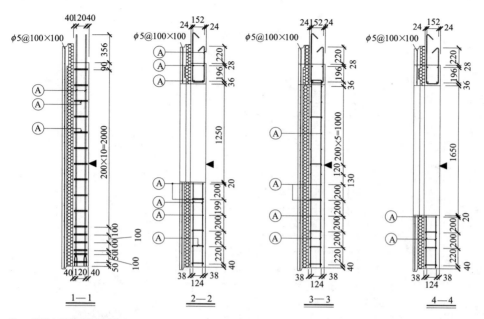

注：1.混凝土强度等级见型号表。

2.套筒及套筒连接筋附近拉筋及箍筋135°弯钩可做90°弯钩。其他部位仍按照设计做135°弯钩。

3.预埋件CT*筋定位要求精准,套筒连接钢筋长度允许偏差+5mm, 0mm,且严格控制其他钢筋外露长度。

4.YWB-*F与YWB-*左右对称。

5.▲所指面为板安装面。

6.此构件CT14均为φ12的上部套丝。

配件编号	配件名称	数量(个)	规格
CT14	灌浆套筒	6	见详图
灌/出浆孔	PVC管	12	φ20

水、电材料表			
序号	材料名称及图例	规格	数量
1	方盒DH1 ☒ ☒ ☒	86×86×70	2个
2	扁钢BG ▬	3×25×700	0个
3	等电位盒LEB☒ ☒ ☒	110×60×60	0个
4	进户箱 ▨	450×230×160	0个
5	线管 ——	DNPVC25	0.55m	1个
6	——	PVC25	1.80m	1个

YWB-5钢筋明细表					
编号	数量	规格	钢筋加工尺寸(mm)	单根重量(kg)	备注
①	6	⊕12	2811	2.50	暗柱竖向钢筋
①a	16	⊕6	2370 ⌐72	0.54	竖向构造钢筋
①b	2	⊕12	2376 ⌐144	2.24	边缘加强钢筋
②	15	⊕8	170 374 148	0.61	暗柱箍筋
②a	15	⊕8	188 148	0.33	暗柱箍筋
②b	14	⊕6	970	0.22	横向构造钢筋
②c	4	⊕6	1875	0.42	横向构造钢筋
②d	8	⊕6	3990	0.89	横向构造钢筋
②e	18	⊕6	385 200	0.13	横向构造钢筋
③	26	⊕8	80 220 240 410 240 160	0.56	连梁箍筋
④	8	⊕6	1060	0.24	竖向构造钢筋
④a	14	⊕6	660	0.15	竖向构造钢筋
⑤	2	⊕16	240 237 3300 237 240	6.72	连梁下部筋
⑥	2	⊕12	180 3300 180	3.25	连梁腰筋
⑦	46	φ6	75 75 150	0.07	拉筋1
⑦a	26	φ6	75 75 170	0.07	拉筋2
⑧	1	⊕8	170 385 170	0.64	暗柱箍筋
⑧a	1	⊕8	210 170	0.36	暗柱箍筋
	12	⊕14	900	1.09	防裂钢筋

图 B.5　外墙板配筋图（二）

B.3　预制楼板、楼梯构件图

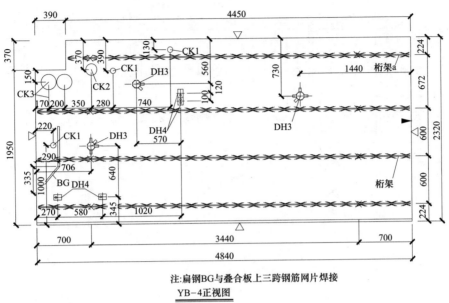

注:扁钢BG与叠合板上三跨钢筋网片焊接

YB-4正视图

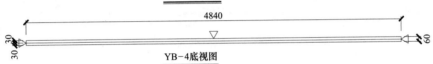

YB-4底视图

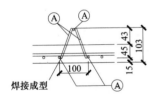

焊接成型

桁架细部详图

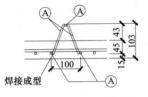

焊接成型

桁架a细部详图

配件编号	配件名称	数量(个)	规格
DH3	PVC灯盒	3	86×86×100
DH4	过线盒	4	100×70×70
BG	镀锌扁钢	0	3×25×1200
CK1	预留穿孔	3	φ100
CK2	预留穿孔	1	φ150
CK3	预留穿孔	2	φ200
混凝土体积(m³)		0.58	

3-1a	1	⊈8	4306	1.70	桁架上弦钢筋
3-2a	2	⊈8	4435	1.75	桁架下弦钢筋
3-3a	2	⊈6	21.5个节间，间距200mm	1.00	桁架腹杆钢筋
4	2	⊈14	5040	6.10	洞口加强筋
4a	2	⊈12	920	0.82	洞口加强筋
5	2	⊈16	2500	3.95	隔墙加强筋
6	2	⊈16	5040	7.96	隔墙加强筋

图 B.6　预制楼板配筋图（一）

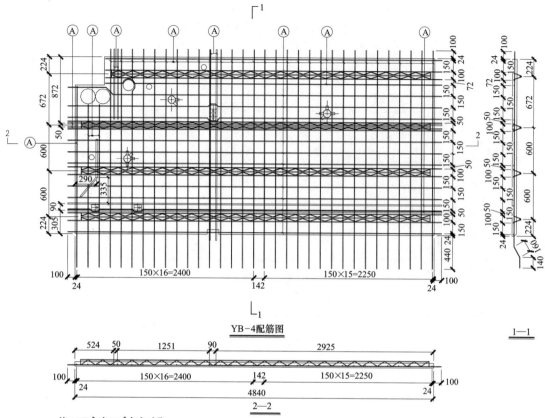

YB-4配筋图

1—1

2—2

注:1.YB*F与YB*左右对称。
   2.混凝土强度等级为C30。
   3.▽所指方向，做粗糙面，人工拉毛面严格控制平整度。
   4.×所示为吊点位置。
   5.━所指方向为板安装方向。

<table>
<tbody>
<tr><td colspan="6" align="center">YB4钢筋明细表</td></tr>
<tr><td>编号</td><td>数量</td><td>规格</td><td>钢筋加工尺寸(mm)</td><td>单根重量(kg)</td><td>备注</td></tr>
<tr><td>①</td><td>30</td><td>⊈8</td><td>2860</td><td>1.13</td><td>叠合板短向钢筋</td></tr>
<tr><td>①a</td><td>2</td><td>⊈8</td><td>2130</td><td>0.84</td><td>叠合板短向钢筋</td></tr>
<tr><td>①b</td><td>1</td><td>⊈8</td><td>2375</td><td>0.94</td><td>叠合板短向钢筋</td></tr>
<tr><td>②</td><td>10</td><td>⊈8</td><td>5040</td><td>1.99</td><td>叠合板长向钢筋</td></tr>
<tr><td>②a</td><td>2</td><td>⊈8</td><td>4435</td><td>1.75</td><td>叠合板长向钢筋</td></tr>
<tr><td>③—1</td><td>2</td><td>⊈8</td><td>4707</td><td>1.86</td><td>桁架上弦钢筋</td></tr>
<tr><td>③—2</td><td>4</td><td>⊈8</td><td>5040</td><td>1.99</td><td>桁架下弦钢筋</td></tr>
<tr><td>③—3</td><td>4</td><td>⊈6</td><td>23.5个节间，间距200mm</td><td>1.09</td><td>桁架腹杆钢筋</td></tr>
</tbody>
</table>

图 B.6 预制楼板配筋图（二）

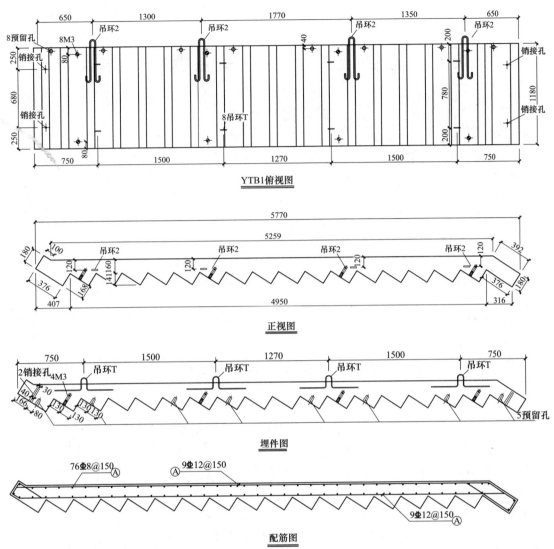

YTB1俯视图

正视图

埋件图

配筋图

注:1.混凝土强度等级 C30。
　　2.吊环Tφ14外露部分出厂前去除,凹槽补平。吊环尺寸详见S004。
　　3.钢筋保护层厚度无特殊表明的为15mm。
　　4.埋件详图见S005图。

配件编号	配件名称	数 量	规 格
M3	安装吊件	8	M16
吊环Tφ8	出模吊环	8	φ8
吊环2(φ14)	翻转吊件	4	φ14
预留孔	预留孔	8	φ30 φ40
销接孔	预留孔	4	φ20 φ40
体积(m³)		1.303	

YTB1钢筋明细表					
编号	数量	规格	尺寸(mm)	单根重量(kg)	备注
①	9	Φ12	85　5361　367　584　140	5.80	
②	9	Φ12	140　300 5517 146　90　140	5.62	
③	76	Φ8	1150	0.46	

图 B.7　预制楼梯配筋图

附录 C 预制混凝土夹心保温墙板技术要求

1 原 材 料

1.1 水泥

水泥宜采用硅酸盐和普通硅酸盐水泥，强度等级不宜低于42.5级，其质量应符合GB 175的规定。

1.2 骨料

1.2.1 粗骨料宜采用公称粒径5mm～25mm的碎石，质量应符合GB/T 14685的规定。

1.2.2 砂应符合GB/T 14684的规定。

1.2.3 轻骨料混凝土所用轻骨料应符合GB/T 17431.1的规定。

1.2.4 再生骨料应符合GB/T 25176和GB/T 25177的规定。

1.3 水

水应符合JGJ 63的规定。

1.4 外加剂

外加剂应符合GB 8076的规定，并经验证后方可使用，使用时应符合GB 50119的规定。

1.5 掺合料

1.5.1 粉煤灰应符合GB/T 1596中Ⅰ级或Ⅱ级质量及性能指标的规定。

1.5.2 磨细矿渣应符合GB/T 18046的规定。

1.5.3 硅灰应符合GB/T 27690的规定。

1.6 钢筋与钢材

1.6.1 非预应力钢筋应符合GB/T 1499.1和GB/T 1499.2的规定。

1.6.2 预应力混凝土用钢筋、钢丝、钢绞线应分别符合GB/T 20065、GB/T 5223和GB/T 5224的规定。

1.6.3 钢筋焊接网片应符合GB/T 1499.3的规定。

1.6.4 预埋件、螺栓和锚栓用钢材应符合GB/T 700的规定。

1.6.5 吊环应采用HPB300级钢筋或Q235B圆钢制作。用于吊环的HPB300级钢筋，其直径可采用8mm～14mm；用于吊环的Q235B圆钢应符合GB/T 700的规定，且其设计应力不应大于$50N/mm^2$。

1.7 连接材料

1.7.1 连接用焊接材料应符合GB 50661的规定。

1.7.2 连接件应采取有效的防腐措施。当采用热浸镀锌防腐处理时，锌膜质量和厚度应符合GB/T 13912的规定；当采用其他防腐涂料时，应符合GB 50205的规定。

1.7.3 不锈钢材宜采用统一数字代号为S316系列的奥氏体型不锈钢。不锈钢热轧钢板、不锈钢冷轧钢板和钢带应分别符合GB/T 4237、GB/T 3280的规定；不锈钢棒、不锈钢冷加工棒应分别符合GB/T 1220、GB/T 4226的规定。

1.7.4　用于钢筋套筒灌浆连接的套筒应符合 JG/T 398 的规定。

1.7.5　用于钢筋浆锚搭接连接的镀锌金属波纹管应符合 JG 225 的规定。

1.8　拉结件材料

1.8.1　纤维增强塑料（FRP）拉结件的杆件应采用单向纤维和热固性树脂材料通过拉挤成型工艺制作，并应符合下列规定：

　　1　纤维宜采用无捻粗纱，纤维体积含量不宜低于 60%。应采用高强型、含碱量小于 0.8% 的无碱玻璃纤维或玄武岩纤维，其性能应分别符合 GB/T 18369 和 GB/T 25045 的规定；

　　2　树脂应采用环氧树脂或乙烯基酯树脂，其性能应分别符合 GB/T 13657 和 GB/T 8237 的规定；

1.8.2　FRP 拉结件采用的纤维增强塑料的力学性能指标应符合表 C.1 的规定。

表 C.1　拉结件用 FRP 材料力学性能要求

序号	项目	指标要求
1	拉伸强度标准值（MPa）	≥700
2	拉伸弹性模量（GPa）	≥40
3	剪切强度标准值（MPa）	≥30

1.8.3　不锈钢拉结件采用的不锈钢材料应符合相关规定，其力学性能指标尚应符合表 C.2 的规定。

表 C.2　拉结件用不锈钢材料力学性能要求

序号	项目	指标要求
1	屈服强度（MPa）	≥205
2	拉伸强度标准值（MPa）	≥500
3	拉伸弹性模量（GPa）	≥190
4	剪切强度标准值（MPa）	≥300

1.9　夹心保温层材料

1.9.1　预制夹心墙板可采用有机类保温板和无机类保温板作夹心保温层的材料，如聚苯乙烯板（EPS、XPS）、硬泡聚氨酯板（PIR、PUR）、酚醛泡沫板（PF）、岩棉板、水泥基泡沫板和泡沫玻璃板等。

1.9.2　模塑聚苯乙烯板应符合 GB/T 29906 的规定；挤塑聚苯乙烯板应符合 GB/T 30595 的规定。

1.9.3　硬泡聚氨酯板应符合 GB/T 21558 中对Ⅲ类产品的有关规定。

1.9.4　酚醛泡沫板应符合 GB/T 20974 中对Ⅱ类产品的有关规定。

1.9.5　岩棉板应符合 GB/T 19686 的规定

1.9.6　水泥基泡沫板应符合 JC/T 2200 中对Ⅱ型产品的有关规定。

1.9.7　泡沫玻璃板应符合 JC/T 647 中对Ⅱ型产品的有关规定。

1.9.8　保温层材料的燃烧性能应符合 GB 8624 的规定，并应符合设计要求；当保温层材料的燃烧性能为 GB 8624 中 A 级时，夹心保温墙板宜设置空气层。

1.10 其他材料

1.10.1 内埋式螺母或内埋式吊杆及配套的吊具，质量应符合国家现行相关标准的规定。

1.10.2 门窗框与墙板连接处，当设置预埋连接块时，可采用高强度聚氨酯人造板。

2 要 求

2.1 外观质量

外观质量应符合表C.3的规定。

表C.3 外观质量要求

序号	项目	质量要求
1	露筋、蜂窝、孔洞、夹渣、疏松、裂缝	不应有
2	连接部位缺陷a	不应有
3	外形缺陷b	不应有
4	外表缺陷c	不应有
5	外饰（面材、涂料）缺陷d	不应有
6	胶条缺陷e	不应有
7	粗糙面深度、键槽数量	应符合产品设计要求

a 系指构件连接处混凝土缺陷及连接钢筋、连接件松动,插筋锈蚀、弯曲,灌浆套筒堵塞、偏位,灌浆空洞堵塞、偏位和破损等;

b 系指构件缺棱掉角、棱角不直、翘曲不平和飞出凸肋等;

c 系指构件表面麻面、起砂、掉皮、污染和门窗框材划伤等;

d 系指面材机械损伤,有裂缝、气孔、缺棱掉角和表面翘曲等缺陷,涂料颜色不均匀一致、泛碱、流坠、粉化、起皮、裂纹或有明显色差等;

e 系指胶条不连续、不完整,脱落、破损和缺失等

2.2 尺寸允许偏差

2.2.1 外形尺寸、预埋件、预留孔洞、外装饰、门窗工程等的尺寸允许偏差应符合表C.4的规定。

表C.4 尺寸允许偏差　　　　　　　　　　单位：mm

序号	项目		允许偏差	
1	外形尺寸	高度	内叶墙板	±4
			外叶墙板	±2
2		宽度	±3	
3		厚度	±2	
4		空气层厚度	2	
5		板正面对角线差	4	
6		板正面翘曲	$L/1500$a	
7		板侧面侧向弯曲	2	
8		板正面面弯	$L/1500$a	

序号	项目			允许偏差
9	外形尺寸	角板相邻面夹角		±0.2°
10		表面平整	内表面	4
11			外表面	2
12		门、窗洞口	中心线位置	5
13			宽度、高度	±3
14	预埋部件	预埋钢板	中心线位置	5
15			与混凝土平面高差	0,−3
16		吊环、木砖	中心线位置	10
17			与构件表面混凝土高差	0,−10
18		预埋螺栓	中心线位置	2
19			外露长度	+10,−5
20		预埋套筒、内螺母	中心线位置	2
21			平面高差	0,−5
22		连接件	中心线位置	3
23			与混凝土面平整度	3
24			安装垂直度	1/40
25	预留插筋	中心线位置		3
26		外露长度		±5
27	预留孔洞	中心线位置		5
28		尺寸、深度		±5
29	键槽	中心线位置		5
30		长度、宽度、深度		±5
31	插筋孔成孔芯模	成孔长度		4
32		成孔直径		—
33	灌浆套筒及连接钢筋	灌浆套筒中心线位置		2
34		安装垂直度		3
35		连接钢筋中心线位置		2
36		连接钢筋外露长度		+10,0
37	外装饰	通用	表面平整度	2
38		石材、面砖	立面垂直度	3
39			阳角方正	2
40			上口平直	2
41			接缝平直	3
42			接缝深度	±5
43			接缝宽度	±2

序号	项目		允许偏差
44	门窗工程	门窗框位置	2
45		门窗框对角线	±2
46		门窗框平整度	2
a L—墙板长度			

2.2.2 钢筋成品的尺寸允许偏差应符合表 C.5 的规定。

表 C.5 钢筋成品的尺寸允许偏差　　　　　　单位：mm

序号	项目		允许偏差
1	钢筋网片	长、宽	±5
2		网眼尺寸	±10
3		对角线	5
4		端头不齐	5
5	钢筋骨架	长	0，−5
6		宽、高	±5
7		主筋间距	±10
8		主筋排距	±5
9		箍筋间距	±10
10		钢筋弯起点位置	15
11		端头不齐	5
注：表中规定的尺寸允许偏差应在墙板生产过程中进行检验。			

2.3 混凝土

混凝土强度等级不应低于 C30；当采用轻骨料混凝土时，强度等级不应低于 LC30；当采用清水混凝土时或装饰混凝土时，强度等级不宜低于 C40。

2.4 混凝土保护层厚度

应符合产品设计要求，尺寸允许偏差为±3mm。

2.5 物理力学性能

预制混凝土夹心保温墙板物理力学性能应符合表 C.6 的规定。

表 C.6 物理力学性能

序号	项目	性能要求
1	热工性能	应符合 GB 50176 并满足设计要求
2	隔声性能	计权隔声量≥45dB
3	耐火性能	耐火极限≥0.5h，尚应符合设计要求
4	饰面砖、石材与混凝土的粘结强度	≥0.6MPa，尚应符合设计要求
5	外窗的抗风压、气密、水密、保温、隔声性能	应符合设计要求

2.6 拉结性能

2.6.1 内、外叶墙板连接的承载力应满足设计要求，FRP拉结件的连接承载力尚应符合表 C.7 的要求。

表 C.7 FRP拉结件的连接承载力要求

序号	项目	夹心保温层厚度/mm		
		≤50	51～70	71～100
1	抗拉承载力标准值(kN)	≥6.0		
2	抗剪承载力标准值(kN)	≥1.0	≥0.9	≥0.8

2.6.2 在外叶墙板自重荷载标准值作用下，内、外叶墙板之间产生的相对垂直位移不应大于 2.5mm。

2.7 套筒连接钢筋接头强度

套筒连接钢筋接头的抗拉强度应符合套筒型式检验报告的要求，且符合设计要求。

3 试 验 方 法

3.1 外观质量

目测或用钢直尺测量。

3.2 尺寸允许偏差

3.2.1 外形尺寸、预埋件、预留孔洞、外装饰、门窗工程等的尺寸允许偏差应按表 C.8 规定的方法检测。

表 C.8 尺寸允许偏差检测方法

序号	项目			检测方法
1	外形尺寸	高度		用量程不低于墙板高度的量具沿高度方向测量墙板两端及中间部,取其偏差绝对值较大值
2		宽度		用量程不低于墙板宽度的量具沿宽度方向测量墙板两端及中间部,取其偏差绝对值较大值
3		厚度		用尺量板四角和四边中部位置共8处,取其偏差绝对值较大值
4		空气层厚度		用尺量
5		板正面对角线差		在构件表面,用尺量测两对角线的长度,取其绝对值的差值
6		板正面翘曲		对角拉线测量交点间距离值的2倍
7		板侧面侧向弯曲		拉线,用钢尺量最大弯曲处
8		板正面面弯		拉线、钢尺检查
9		角板相邻面夹角		角度测定样板
10		表面平整	内表面	用2m靠尺安放在构件表面,用楔形塞尺测靠尺与表面间的最大缝隙
11			外表面	
12		门窗洞口	中心线位置	用尺量测纵横两个方向中心线位置,取其较大值
13			宽度、高度	用尺量

序号	项目			检测方法
14	预埋部件	预埋钢板	中心线位置	用尺量测纵横两个方向中心线位置,取其较大值
15			平面高差	用尺仅靠在预埋件上,用楔形塞尺量测预埋件平面与混凝土面的最大缝隙
16		吊环、预埋木砖	中心线位置	用尺量测纵横两个方向中心线位置,取其较大值
17			与构件表面混凝土高差	用尺量
18		预埋螺栓	中心线位置	用尺量测纵横两个方向中心线位置,取其较大值
19			外露长度	用尺量
20		预埋套筒、螺母	中心线位置	用尺量测纵横两个方向中心线位置,取其较大值
21			平面高差	用尺量
22		连接件	中心线位置	用尺量测纵横两个方向中心线位置,取其较大值
23			与混凝土面平整度	用尺量
24			安装垂直度	拉水平线、竖直线测量两端差值
25	预留钢筋		中心线位置	用尺量测纵横两个方向中心线位置,取其较大值
26			外露长度	用尺量
27	预留孔(洞)		中心线位置	用尺量测纵横两个方向中心线位置,取其较大值
28			尺寸、深度	用尺量
29	键槽		中心线位置	用尺量测纵横两个方向中心线位置,取其较大值
30			长度、宽度、深度	用尺量
31	插筋孔成孔芯模		成孔长度	用尺量
32			成孔直径	用尺量测模板内侧至芯模顶端
33	连接套筒及连接钢筋		套筒中心线位置	用尺量测纵横两个方向中心线位置,取其较大值
34			安装垂直度	拉水平线、竖直线测量两端差值
35			连接钢筋中心线位置	用尺量测纵横两个方向中心线位置,取其较大值
36			连接钢筋外露长度	用尺量
37	外装饰	通用	表面平整度	2m靠尺和塞尺检查
38			立面垂直度	2m水准尺检查
39		石材和面砖	阳角方正	用托线板检查
40			上口平直	拉通线,用钢尺检查
41			接缝平直	用钢尺或塞尺检查
42			接缝深度	
43			接缝宽度	用钢尺检查

序号	项目		检测方法
44	门窗工程	门窗框位置	用钢尺检查
45		门窗框对角线	
46		门窗框平整度	

3.2.2 钢筋成品的尺寸允许偏差应按表 C.9 规定的方法检测。

表 C.9 钢筋成品尺寸允许偏差检测方法

序号	项目		检测方法
1	钢筋网片	长、宽	钢尺检查
2		网眼尺寸	钢尺量连续三档,取最大值
3		对角线	钢尺检查
4		端头不齐	钢尺检查
5	钢筋骨架	长	钢尺检查
6		宽、高	钢尺检查
7		主筋间距	钢尺量两端、中间各一点,取最大值
8		主筋排距	钢尺量两端、中间各一点,取最大值
9		箍筋间距	钢尺量连续三档,取最大值
10		钢筋弯起点位置	钢尺检查
11		端头不齐	钢尺检查
注:表中规定的尺寸允许偏差应在墙板生产过程中进行检验			

3.3 混凝土强度等级

按 GB/T 50081 规定的方法进行。

3.4 混凝土保护层厚度

按 GB 50204 规定的方法进行,用钢尺或混凝土保护层厚度测定仪检查。

3.5 物理力学性能

物理力学性能指标应按表 C.10 规定的方法检测。

表 C.10 物理力学性能检测方法

项次	项目		试验方法
1	热工性能		GB/T 10294
2	隔声性能		GB/T 50121
3	耐火性能		GB/T 9978
4	饰面砖、石材与混凝土的粘结性能		JGJ/T 110
5	外窗	抗风压性能	GB/T 7106
		气密性能	GB/T 7106
		水密性能	GB/T 7106
		保温性能	GB/T 8484
		隔音性能	GB/T 8485
注:工厂预制的墙板无饰面砖、石材和外窗时对应项次不需检测			

3.6　拉结性能

3.6.1　试验室检测内、外叶墙板连接的抗拉承载力和抗剪承载力时，应分别按第 6.1 和第 6.2 节进行。

3.6.2　试验室检测内、外叶墙板产生的相对垂直位移时，应按第 6.3 节进行。

3.6.3　实体检测内、外叶墙板连接的抗拉承载力、抗剪承载力和相对位移时，可直接在墙板上按第 6.1～6.3 节要求的尺寸截取试件进行。

3.7　套筒连接钢筋接头强度

按 JG/T 398 的规定进行。

4　检　验　规　则

4.1　出厂检验

产品出厂应进行出厂检验，产品经检验合格后方可出厂，并提供检验报告。

4.1.1　检验项目

出厂检验项目为外观质量、尺寸允许偏差的全部规定项目，以及混凝土强度等级、混凝土保护层厚度。

4.1.2　组批与抽样

出厂检验组批与抽样数量应按表 C.11 进行。

表 C.11　出厂检验组批与抽样

序号	项目	组批	抽样
1	外观质量	同类型产品不超过 1000 件为一批	全数目测检查
2	尺寸允许偏差	同类型产品不超过 1000 件为一批	全数目测检查
3	混凝土强度等级	同类型产品不超过 1000 件为一批	按同批预留样块全数进行检验，每批抽取次数不应少于一次，每次制作预留样块不应少于 3 组
4	混凝土保护层厚度	同类型产品不超过 1000 件为一批	每批随机抽取 2%，且不应少于 5 件进行检验
注："同类型"指同一生产工艺、同一混凝土强度等级和采用同品牌、同规格拉结件的预制混凝土夹心墙板			

4.1.3　判定规则

当以下各项目检验均为合格时，则判定该批产品合格。

1　外观质量检验判定：表 C.3 中项次 1～4 全部符合要求时，判定该件产品合格，否则该件产品不合格并剔除；表 C.3 中项次 5、6 全部符合要求时，判定该件产品合格，否则该件产品不合格并修补至合格。

2　尺寸允许偏差检验判定：全部合格时，判定该件产品合格，否则该件产品不合格并剔除。

3　混凝土强度等级检验判定：全部合格时，判定该批产品混凝土强度等级合格，否则该批产品不合格。

4　混凝土保护层厚度检验判定：合格率不低于 90% 时，判定该批产品混凝土保护层厚度合格；合格率低于 90% 但不低于 80% 时，可再抽取同样数量产品进行检验，两次抽样批总和计算的合格率不低于 90% 时，判定该批产品混凝土保护层厚度合格，否则逐件检验并剔除不合格品。

4.2 型式检验

4.2.1 检验条件

有下列情况之一时，应进行型式检验：

1 新产品定型鉴定时；

2 正式生产后，材料、配比、结构或工艺等有较大变化，可能影响产品性能时；

3 正常生产连续两年；

4 停产一年以上，恢复生产时；

5 出厂检验结果与上次型式检验结果有较大差异时。

4.2.2 检验项目

检验项目为第 6 章全部规定项目，且内、外叶墙板连接的承载力和相对位移应在墙板上按附录 A～附录 C 规定的尺寸截取试件进行检验。

4.2.3 抽样

从连续生产的同类型产品中选取 3 个墙板。

4.2.4 判定规则

全部抽样的所有检验项目均符合要求时，判定型式检验合格，否则判定为不合格。

5 标志、运输和贮存

5.1 标志

5.1.1 产品出厂时应在产品外叶墙表面上设置标志，并至少包括以下内容：

1 生产单位名称；

2 产品标记及编号；

3 生产日期；

4 合格状态。

5.1.2 产品出厂时应附有产品合格证，合格证上应至少包括以下内容：

1 合格证编号；

2 构件编号、类型；

3 材料信息；

4 生产单位名称、地址、生产日期和出厂日期；

5 检测结果；

6 需求方名称（或工程名称）；

7 检验负责人签字和检验部门盖章；

5.2 运输

5.2.1 宜按产品使用的先后顺序进行运输、堆放。

5.2.2 产品装卸时应充分保证车体的平衡，并采取绑扎固定措施保证产品的稳定性。

5.2.3 产品运输时，宜采用立放，且饰面层应朝外，支承位置应在内叶墙板上。产品边角部或与紧固用绳索接触部位，宜采用垫衬加以保护。

5.2.4 产品运输和吊装时应采用专用机具设备。

5.3 贮存

5.3.1 贮存场地应平整夯实，并应具有良好的排水措施。

5.3.2 产品宜采用立放，可采用插放与靠放两种形式。插放时插放架必须牢固；靠放时应有牢固的靠放架，两侧应对称。产品与竖向的倾斜角不宜大于 $10°$，且装饰面应朝外。

5.3.3 产品应按品种、型号、质量等级和生产日期分别贮存，标志向外。

5.3.4 贮存时的支承位置应在内叶墙板上。

6 内、外叶墙板连接的承载力及变形试验方法

6.1 内、外叶墙板连接的抗拉承载力试验方法

6.1.1 试件和数量

——试件由平面尺寸为直径 200mm 的两块混凝土板和一层保温层组成，内含 1 个拉结件。混凝土板内配置 $\phi 8@120$ 的钢筋网片，见图 C.1。

——拉结件在两块混凝土板内的锚固深度和混凝土强度等级应符合设计要求。

——同批试件做（取）5 个平行试样。

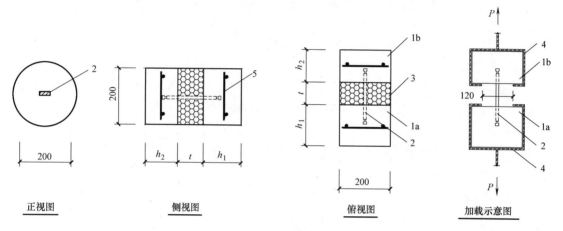

图 C.1 抗拉试件型式

1a—内叶混凝土板；1b—外叶混凝土板；2—拉结件；3—保温层；4—专用加载夹具；
5—钢筋网片；h_1—内叶板厚度；h_2—外叶板厚度；t—保温层厚度

6.1.2 试验设备

——伺服拉压试验机 1 台。

——专用加载夹具 2 个。

6.1.3 试验过程

1 试验开始前，将试件上的夹心保温层材料去除。

2 将 2 个专用加载夹具分别安装在试验机上。

3 试件加载时，按 2 mm/min 对试件施加拉力至试件破坏，记录峰值荷载和荷载-位移曲线。

6.1.4 试验结果

1 连接的抗拉承载力标准值 R_{tk} 应按式（C.1）计算。

$$R_{tk} = \overline{R}_t \cdot (1 - 3.4 v) \tag{C.1}$$

式中：

R_{tk}——连接的抗拉承载力标准值，（kN）；

$\overline{R}_t$——取同批 5 个试件的抗拉承载力试验最大荷载值的算术平均值，（kN）；

v——变异系数，为连接的抗拉承载力试验值标准偏差与算术平均值的比值。

当试验中抗拉承载力试验值的变异系数大于 20% 时，抗拉承载力标准值尚应乘以附加系数 a，a 应按式（C.2）计算。

$$\alpha = \frac{1}{1+(v(\%)-20)\times 0.03} \tag{C.2}$$

2 连接的抗拉承载力符合设计要求时，判定为合格。

6.2 内、外叶墙板连接的抗剪承载力试验方法

6.2.1 试件和数量

——试件由两块混凝土板和一层保温层组成，内含 1 个拉结件。每块混凝土板内配置由 4 根 $\phi 8$ 组成的钢筋网，见图 C.2。

——拉结件在两块混凝土板内的锚固深度和混凝土强度等级应符合设计要求。

——拉结件的设置应满足试验所得数据为其截面弱轴方向的抗剪承载力。

——同批试件做（取）5 个平行试样。

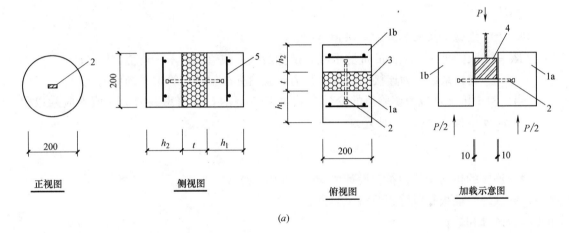

(a)

1a—内叶混凝土板；1b—外叶混凝土板；2—拉结件；3—保温层；4—专用加载端；
5—钢筋网片；h_1—内叶板厚度；h_2—外叶板厚度；t—保温层厚度

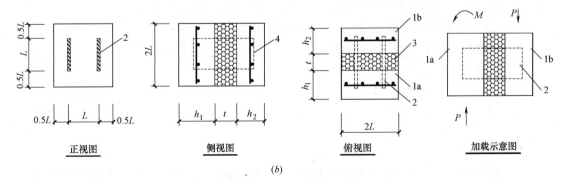

(b)

图 C.2 抗剪试件型式

（a）用于棒状拉结件；（b）用于片状拉结件

1a—内叶混凝土板；1b—外叶混凝土板；2—拉结件；3—保温层；4—钢筋网片
h_1—内叶板厚度；h_2—外叶板厚度；t—保温层厚度；L—片状拉结件截面高度

6.2.2 试验设备

——伺服拉压试验机1台。

——专用加载头1个。

——试件固端承力架1个。

6.2.3 试验过程

1 试验开始前，将试件上的夹心保温层材料去除。

2 将试件固定在压力机下压板上，用专用加载夹具施加荷载，对于棒状试件，加载力垂直拉结件截面的长边方向。对于片状拉结件试件，加载力施加在外叶顶面中点。

3 试件加载时，按2 mm/min对试件施加压力，记录峰值荷载和荷载-位移曲线，直至荷载下降到峰值荷载的75%时，结束试验。

6.2.4 试验结果

1 连接的抗剪承载力标准值 R_{vk} 应按式（C.3）计算。

$$R_{vk}=0.5\overline{R}_v \cdot (1-3.4\upsilon) \tag{C.3}$$

式中：

R_{vk}——连接的抗剪承载力标准值（kN）；

$\overline{R}_v$——取同批5个试件的抗剪承载力试验最大荷载值的算术平均值（kN）；

υ——变异系数，为连接的抗剪承载力试验值标准偏差与算术平均值的比值。

当试验中抗剪承载力试验值的变异系数大于20%时，抗剪承载力标准值尚应乘以附加系数 a，a应按式（C.4）计算。

$$\alpha=\frac{1}{1+(\upsilon(\%)-20)\times 0.03} \tag{C.4}$$

2 连接的抗剪承载力符合设计要求时，判定为合格。

6.3 内、外叶墙板相对垂直位移试验方法

6.3.1 试件和数量

——试件由两块混凝土板（拉结件为棒状时，平面尺寸为400mm×150mm；拉结件为片状时，平面尺寸为2Lmm×2Lmm，L为片状拉结件截面高度），和一层保温层组成，内含2个拉结件。每块混凝土板内配置 $\phi8@120$ 的钢筋网片，见图C.3。

——拉结件在两块混凝土板内的锚固深度和混凝土强度等级应符合设计要求。

——同批试件做（取）2个平行试样。

6.3.2 试验设备

——伺服拉压试验机1台。

——精度0.01mm位移计1个。

——试件固端承力架1个。

6.3.3 试验过程

1 在试验机上安装试件，使内叶板形成固端，加载点设在外叶板上端，并在外叶板中线安装位移计。

2 对试件进行预加载，调试加载系统和位移计。

3 正式加载时，首先采用0.2mm/min速度按位移控制加载，记录控制荷载时的位移值、内外叶墙相对位移为2.5mm时的试验荷载值、峰值荷载和荷载-位移曲线，峰值荷载后按 2mm/min 加载速度加载，当加载力下降峰值荷载的 75％时，结束试验。

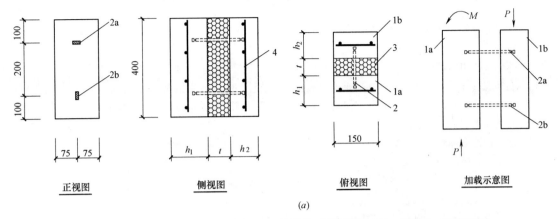

(a)

1a—内叶混凝土板；1b—外叶混凝土板；2a—拉结件（弱轴横放）；2b—拉结件（弱轴竖放）；
3—保温层；4—钢筋网片；h_1—内叶板厚度；h_2—外叶板厚度；t—保温层厚度

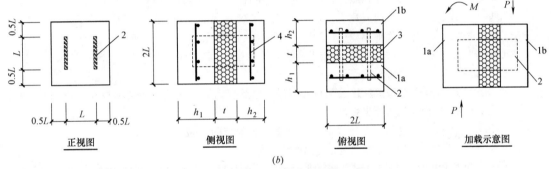

(b)

图 C.3 内、外叶墙板相对位移试件型式

(a) 用于棒状拉结件；(b) 用于片状拉结件

1a—内叶混凝土板；1b—外叶混凝土板；2—拉结件；3—保温层；4—钢筋网片；
h_1—内叶板厚度；h_2—外叶板厚度；t—保温层厚度；L—片状拉结件截面高度

6.3.4 试验荷载

试验所施加荷载标准值 P_k 应按式（C.5）计算。

$$P_k = 3\gamma_c A h_2 \tag{C.5}$$

式中：

P_k——试验所加荷载标准值（kN）；

γ_c——混凝土容重，可取 25kN/m^3；

A——单根拉结件设计负荷的外叶墙板面积（m^2）；

h_2——外叶墙板的设计厚度（m）。

6.3.5 试验结果

按式（C.5）计算的试验荷载值所测得的内、外叶墙板相对垂直位移不大于 2.5mm 时，判定内、外叶墙板相对位移合格。当 2 个试件均合格时，判定该批试件合格，否则不合格。

参 考 文 献

[1] 中华人民共和国住宅和城乡建设部行业标准. 装配式混凝土结构技术规程 JGJ 1—2014 [S]. 北京：中国建筑工业出版社，2014.

[2] 薛伟辰，胡伟等译. 预制建筑总论 [M]. 北京：中国建筑工业出版社，2012.

[3] 鹿岛建设株式会社. 构架式预制钢筋混凝土结构设计与施工技术指南 [S]. 日本，2010.

[4] 中华人民共和国住宅和城乡建设部行业标准. 钢筋套筒灌浆连接应用技术规程 JGJ 355—2015 [S]. 北京：中国建筑工业出版社，2015.

[5] 辽宁省地方标准. 装配式混凝土结构构件制作、施工与验收规程 DB21/T 023—2016 [S]. 沈阳：辽宁省住房和城乡建设厅，2016.

[6] 中华人民共和国住宅和城乡建设部行业标准. 装配式住宅建筑设计标准 JGJ/T 398—2017 [S]. 北京：中国建筑工业出版社，2017.

[7] 刘海成等. 装配式剪力墙结构拆分技术研究结题报告 [R]. 沈阳：沈阳建筑大学，2015.

[8] 郑勇等. 预制构件生产技术指南结题报告 [R]. 沈阳：沈阳建筑大学，2015.

[9] 刘海成等. 装配式剪力墙结构施工技术研究结题报告 [R]. 沈阳：沈阳建筑大学，2015.

[10] 中华人民共和国住宅和城乡建设部国家标准. 装配式混凝土建筑技术标准 GB/T 51231—2016 [S]. 北京：中国建筑工业出版社，2016.

[11] 辽宁省地方标准. 装配式混凝土结构工程检测技术规程 DB21/T 2419—2015 [S] 沈阳：辽宁省住房和城乡建设厅，2015.

[12] 中华人民共和国住宅和城乡建设部行业标准. 钢筋套筒灌浆连接应用技术规程 JGJ 355—2015 [S]. 北京：中国建筑工业出版社，2015.

[13] 中华人民共和国住宅和城乡建设部行业标准. 预制带肋底板混凝土叠合楼板技术规程 JGJ/T 258—2011 [S]. 北京：中国建筑工业出版社，2011.

[14] 中华人民共和国住宅和城乡建设部行业标准. 预制混凝土外挂墙板应用技术标准 JGJ/T 458—2018 [S]. 北京：中国建筑工业出版社，2018.

[15] 中华人民共和国住宅和城乡建设部行业标准. 钢筋连接用套筒灌浆料 JG/T 408—2013 [S]. 北京：中国建筑工业出版社，2013.

[16] 中华人民共和国住宅和城乡建设部行业标准. 钢筋连接用灌浆套筒 JG/T 398—2012 [S]. 北京：中国建筑工业出版社，2012.

[17] 中华人民共和国住宅和城乡建设部行业标准. 钢筋机械连接用套筒 JG/T 163—2013 [S]. 北京：中国建筑工业出版社，2013.

[18] 辽宁省地方标准. 装配式混凝土结构设计规程 DB21/T 2572—2019 [S]. 沈阳：辽宁省住房和城乡建设厅，2016.

[19] 辽宁省地方标准. 装配式住宅建筑设计规程 DB21/T 2760—2017 [S]. 沈阳：辽宁省住房和城乡建设厅，2017.

[20] 中华人民共和国工业化与信息部行业标准. 装配式建筑 预制混凝土夹心保温墙板 JC/T 2504—2018 [S]. 北京：中国计划出版社，2019.

[21] 辽宁省地方标准，装配混凝土结构工程检测技术规程，DB21/T 2419—2015 [S]. 沈阳：辽宁省住房和城乡建设厅，2015.

[22] 中华人民共和国住宅和城乡建设部行业标准.《外墙保温复合板通用技术要求》JG/T 480—2015 [S]. 北京：中国建筑工业出版社，2015.

[23] 中华人民共和国住宅和城乡建设部行业标准.《预制混凝土外挂墙板应用技术标准》JGJ/T 458—2018 [S]. 北京：中国建筑工业出版社，2018.

［24］ 陈凤闯. 复合墙板多次组模浇筑的模具应用技术研究［D］. 沈阳建筑大学硕士学位论文，2012.

［25］ 曹慧. 寒冷地区复合墙板工厂化生产的养护与成品保护技术研究［D］. 沈阳建筑大学硕士学位论文，2012.

［26］ 李一凡.《预制混凝土复合夹心外墙板吊装受力性能研究》［D］. 沈阳建筑大学硕士学位论文，2013.

［27］ 曹志伟. 装配式混凝土剪力墙结构拆分技术及连接方法研究［D］. 沈阳建筑大学硕士学位论文，2014.

［28］ 王岩. 预应力混凝土叠合楼板受弯性能的研究［D］. 沈阳建筑大学硕士学位论文，2014.

［29］ 刘泰玉. FCP复合墙板抗弯性能研究［D］. 沈阳建筑大学硕士学位论文，2014.

［30］ 张跃颖. FCP外挂板在低周反复荷载下的抗震性能试验研究［D］. 沈阳建筑大学硕士学位论文，2014.

［31］ 李良. 预制混凝土构件二次振捣及蒸汽养护技术研究［D］. 沈阳建筑大学硕士学位论文，2013.